WÄRMEWIRTSCHAFT IN HAUSHALT UND HANDWERK

VON

DIPLOM-INGENIEUR
KARL POLACZEK

MÜNCHEN UND BERLIN 1926
DRUCK UND VERLAG VON R. OLDENBOURG

Wärmewirtschaft in Haushalt und Handwerk.

Durch den Friedensvertrag ist unsere jährliche Kohlenförderung von 191 Mill. t auf 90 Mill. t vermindert worden, so daß die Wärmeausnützung nicht mehr dem Belieben des einzelnen überlassen werden darf. Wer Brennstoffe vergeudet, sündigt am Volksvermögen.

Die Brennstoffe bilden die Grundlage für das Wirtschaftsleben im Industriestaat. Sie treiben unsere Kraftmaschinen, sie heizen unsere Wohn- und Amtsräume, sie liefern die Grundstoffe für verschiedene Industriezweige (Teerfarben, Düngmittel, Sprengstoffe), sie treiben die Verkehrsmittel (Schiffe, Lokomotiven, Kraftwagen, Flugzeuge), sie sind notwendig zur Herstellung der Baustoffe (Ziegel, Kalk, Zement), zur Metallgewinnung und Verarbeitung (Hochofen, Stahl-werk, Gießereien, Schmiede, Schweißerei), zur Herstellung von Glas, Porzellan, Papier, Leder, Gummi, Webstoffen, Zucker, Mehl, Bier usw., sie trocknen die Futtermittel, sie treiben die Eismaschinen der Kühlhallen. Ein Bergarbeiter liefert die Arbeitsmöglichkeit für 10 Industriearbeiter, da $1/10$ der Industriearbeiterschaft im Bergbau tätig ist.

Wer hat die Zeit der Kohlennot vergessen? Wer kann sich die Folgen einer längeren Verkehrseinstellung für unser Wirtschafts-leben nicht ausmalen?

Wir müssen unbedingt Wärmewirtschaft treiben. Das heißt, wir müssen bei der Gewinnung und Ausnützung der erzeugten Wärme alle Verluste zu vermeiden suchen.

Vorliegendes Büchlein soll weiten Kreisen in einfacher, leicht faß-licher Weise die Grundsätze und Grundlagen der Wärmewirtschaft übermitteln.

Übersicht:

1. Grundsätzliches über Temperatur und Wärme,
2. Meßgeräte und ihre Handhabung,
3. Die Wärmeeigenschaften der Körper,
4. Die Gewinnung der Wärme,
5. Die Nutzbarmachung der Wärme.

1. Grundsätzliches über Temperatur und Wärme.

Im täglichen Leben wird Wärme und Temperatur meist verwechselt: »Heute hat's 20° Wärme (oder Kälte)!«

»Der Ofen gibt wieder gar keine Wärme!« usw. Nehmen wir einmal zum Vergleich die Wassermenge in einem Fluß. Am Pegel kann man die Wasserhöhe, aber nicht die Wassermenge ablesen. Das Thermometer zeigt uns die Wärmehöhe oder Temperatur an, jedoch nicht die Wärmemenge. Wird dem Fluß mehr Wasser zugeführt als wegläuft, so steigt der Pegelstand, im umgekehrten Fall fällt er. Ganz ähnlich zeigt das Steigen des Thermometers an, daß mehr Wärme zugeführt als entzogen wird und umgekehrt.

Was ist nun die Wärme? Man versteht darunter einen Zustand der Schwingungen der Moleküle von bestimmter Wellenlänge (Wärmeschwingungen, Wärmewellen). Denken wir uns einmal irgendeinen Körper, z. B. ein Stück Eisen. Dieses Eisenstück ist nun durchaus kein einheitliches Ganzes, sondern es setzt sich zusammen aus den Eisenmolekülen, das sind unendlich kleine, selbst unter dem Mikroskop nicht erkennbare Körperchen, von genau gleicher Beschaffenheit, deren jedes alle dem Stoff »Eisen« eigentümlichen Eigenschaften besitzt. Wir können uns die Moleküle als Kügelchen denken, die in einen alle Körper gleichmäßig durchdringenden elastischen Stoff, Licht- oder Weltäther genannt, eingebettet sind und die durch die gegenseitige Anziehungskraft zusammengehalten werden. Diese Moleküle sind in ständiger Bewegung, wodurch Ätherschwingungen von verschiedener Wellenlänge, je nach der Stärke der Bewegung entstehen, die auf unsere Sinnesorgane wirken, wie die Rundfunkwellen auf die Empfänger. Bestimmte Wellenlängen empfinden wir als »Licht« (glühende Körper), andere als »Wärme« (man halte die Hand in die Nähe des warmen Ofens).

Wir bezeichnen nun die Menge der Schwingungswellen als Wärmemenge, ihre Schwingungsstärke oder die Lebhaftigkeit der Schwingungen als Wärmehöhe oder Temperatur.

Die Wärmeschwingungen und somit die Wärme suchen sich auszubreiten. Nehmen wir wieder das Wasser zum Vergleich. Das Wasser, das an irgendeiner Stelle höher steht als an einer anderen, sucht von der größeren Höhe zur geringeren abzuströmen.

Wir sprechen dabei von Wassergefälle und von der Gefällshöhe oder Druckhöhe des Wassers. Aus einem höher gelegenen Behälter wird das Wasser immer nach dem tiefer liegenden fließen, ohne Rücksicht darauf, in welchem Behälter ursprünglich die größere Wassermenge war. Diese Strömung zeigt sich so lange, als ein Höhenunterschied besteht, und ist desto lebhafter, je größer der Höhenunterschied ist. Ganz ähnlich beim Temperaturgefälle. Auch die Wärme von größerer Höhe oder höherer Temperatur wird, wenn sie die Möglichkeit eines Ausgleiches hat, nach einem Punkt von geringerer Wärmehöhe oder niedriger Temperatur überströmen, solange, bis die Temperaturen gleich sind. Ein Körper, dessen Temperatur höher ist als die seiner Umgebung, wird solange Wärme an seine Umgebung abgeben, bis der Temperaturausgleich erfolgt ist. Es ist daher unmöglich, einen Körper oder einen Raum auf eine höhere Temperatur zu bringen, als die Temperatur der zugeführten Wärme, auch wenn man noch so viel Wärme zuführt (s. Verbrennungstemperatur).

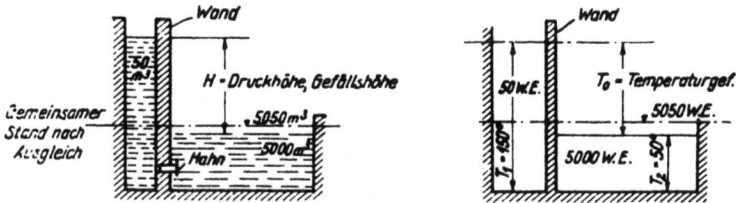

Die Wärmeeigenschaften der Körper geben der Technik die Mittel, diesen Vorgang zu erleichtern bzw. an gewissen Stellen zu verhindern. Die richtige Wahl und Anwendung dieser Mittel ist das ganze Geheimnis der Wärmetechnik.

2. Meßgeräte und ihre Handhabung.

Messen heißt: Vergleichen mit willkürlich festgelegten Vergleichseinheiten (Maßeinheiten).

Zum Messen der Temperatur dient das Thermometer.

Die Maßeinheit bildet 1° (1 Grad). In Deutschland und in den meisten Ländern mit Ausnahme von England und den Vereinigten Staaten benützt man das 100 grädige Thermometer nach Celsius. Wie groß ist nun 1 Grad Celsius (1° C)? 1° C ist der hundertste Teil der Längenänderung eines Flüssigkeitsfadens der Thermometerflüssigkeit zwischen der Temperatur, bei der das Wasser gefriert (Gefrierpunkt) und der Siedetemperatur des Wassers bei 760 mm Barometerstand (Siedepunkt).

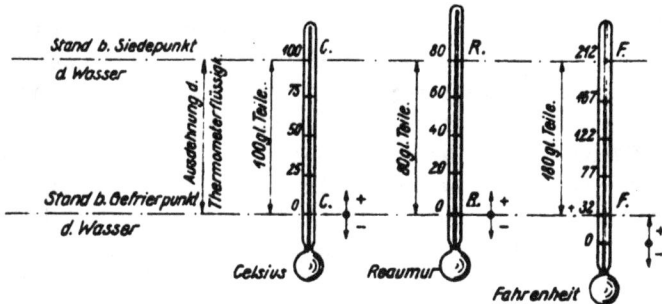

Vorstehende Abbildung zeigt die drei gebräuchlichsten Thermometerskalen.

1*

Die über dem Nullpunkt liegenden Grade bezeichnet man mit +
(Plus) oder »über Null«, die unterhalb gelegenen mit — (minus) oder
»unter Null«. Zu beachten ist dabei die Bezeichnung der Skala, also
^{0} C, ^{0} R, ^{0} F. 1 ^{0} C entspricht $\dfrac{8}{10}$ ^{0} R oder $\dfrac{18^0}{10}$ F.

$$1^0 R = \frac{10^0}{8} C$$

$$1^0 F = \frac{10^0}{18} C.$$

Beim Umrechnung von Fahrenheit in Celsius und umgekehrt ist zu
beachten, daß der Ausgangspunkt der Skala (Nullpunkt) verschieden
ist. Die Gradeinteilung kann nach Belieben nach oben oder nach unten
fortgesetzt werden. In der Wärmelehre geht man manchmal von einem
anderen Nullpunkt aus, der 273 ^{0} C unter dem gewöhnlichen liegt. Man
nennt denselben den »absoluten Nullpunkt« und die davon ausgehen-
den Temperaturen »absolute Temperaturen«. 20 ^{0} C entsprechen dann
20 + 273 = 293 ^{0} C absolut.

Die Menge der Wärme wird gemessen in Wärme-Einheiten
oder Kalorien; abgekürzt WE. Unter einer WE versteht man diejenige
Menge Wärme, die erforderlich ist, um die Temperatur von 1 l Wasser
um 1 ^{0} C zu erhöhen. Man braucht also z. B. um 10 l Wasser von + 10 ^{0}
auf + 60 ^{0} zu erwärmen 10 × (60 — 10) = 10 × 50 = 500 WE. Das
Instrument, das zum Messen der Wärmemengen dient, heißt das »Kalorimeter«. Solche Kalorimeter werden zur Heizwertbestimmung benützt. Sie beruhen darauf, daß eine genau gemessene Flüssigkeitsmenge
erwärmt wird, wobei Anfangs- und Endtemperatur abgelesen werden.

Der Druck von Gasen, Dämpfen und Flüssigkeiten wird nach Atmo-
sphären (at) gemessen oder in Flüssigkeitssäule. 1 at ist ein Druck
von 1 kg auf jedes cm² der gedrückten Fläche. Denkt man sich einen
Wasserbehälter, dessen Bodenfläche in lauter Quadrate von 1 cm
Seitenlänge geteilt ist, so wird über jedem dieser cm² eine Flüssigkeitssäule stehen, deren Gewicht auf ihm lastet. Soll nun dieses Wassergewicht
1 kg betragen, so muß das Wasser 1000 cm oder 10 m hoch stehen, da
ja 1 dm³ = 1000 cm³ Wasser 1 kg wiegt. Es kommt dann aber auf
jedes cm² der Bodenfläche ein Druck von 1 kg, also ist der Druck auf
die Bodenfläche 1 at. Dabei spielt natürlich die Weite des verwendeten
Gefäßes oder Rohres keine Rolle. Auch die Form hat keinen Einfluß.
Es kommt beim Druck einer Flüssigkeitssäule immer auf das Raumge-
wicht (spez. Gewicht) der Flüssigkeit und auf die Druckhöhe (= Tiefe)
an, da der Druck auf die Flächeneinheit (kg/cm²) »bezogen« ist. Je
größer natürlich die gedrückte Fläche desto größer ist auch der Ge-
samtflächendruck. Quecksilber, das 13,6 mal so schwer ist wie
Wasser, müßte, um über jedem cm² des Bodens mit 1 kg zu lasten,

nur 735 mm hoch stehen. Es entspricht jedes cm Wassersäule einem Druck von $1/_{1000}$ oder 0,001 at, jedes mm Quecksilbersäule einem Druck von $1/_{735}$ oder 0,00136 at. 1 cm Wassersäule ist gleich 0,735 mm Quecksilbersäule, 1 mm Quecksilbersäule entspricht 1,36 cm Wassersäule. Ein einfaches Beispiel der Umrechnung: im 4. Stock ist der Wasserleitungsdruck kleiner als im Keller. Bei einem Höhenunterschied von 16 m zwischen Keller und 4. Stock ist der Druckunterschied 16 m Wassersäule = 1,6 at.

Man darf nicht vergessen, daß sich alle Vorgänge auf Erden in einem Raume abspielen, der unter Druck steht, nämlich im Luftraum, so daß alle Veränderungen des Luftdruckes einen merkbaren Einfluß ausüben. Schon der Name »Atmosphäre« den ursprünglich der Luftraum führt, deutet darauf hin. Als Beispiel seien hiefür angeführt:

Einfluß des Luftdruckes auf den Kaminzug,

Einfluß des Luftdruckes auf die Verbrennung im Brenner und im Motorenzylinder,

Ausdehnungsbestreben aller gasförmigen Körper bis zum drucklosen Zustand, da sie ja für gewöhnlich unter dem Druck der Luftsäule stehen.

Die sog. »Saugwirkung« eines Raumes, in dem »Unterdruck« oder »Zug« oder »Saugung« herrscht, besteht eigentlich darin, daß die äußere Luft in diesen Raum zu gelangen sucht.

Das Instrument zum Messen des Luftdruckes heißt B a r o m e t e r , der in cm-Quecksilbersäule gemessene Luftdruck heißt B a r o m e t e r s t a n d .

Die Luft hat am Meeresspiegel gemessen einen Druck von 76 cm Quecksilber, also 1,033 at. Die zu Druckmessungen verwendeten Instrumente zeigen nun stets den Druckunterschied an, der zwischen den Meßräumen und der Außenluft besteht. Man bezeichnet nun einen Druck der größer ist als der äußere Luftdruck, als »Überdruck«, einen kleineren dagegen als »Unterdruck«. Nimmt man den Luftdruck mit rd. 1 at an, so erhält man folgende Einteilung:

0 bis 1 at Unterdruck oder Vakuum, auch Saugung genannt: über 1 at Überdruck. Rechnet man den Druck von 0 at aus, also von drucklosen Zustand, so bezeichnet man ihn als »absoluten Druck«. Überdruck wird von 1 at aufwärts gerechnet, ist also immer um 1 at kleiner als der absolute Druck. Unterdruck wird von 1 at nach abwärts gemessen, ist also von 1 at abzuziehen, wenn der absolute Druck angegeben werden soll.

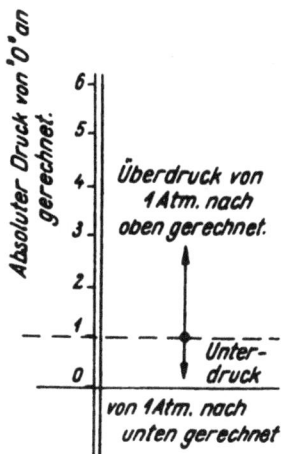

Z. B. 5 at Überdruck sind 1 + 5 oder 6 at absolut, 0,3 at Unterdruck sind 1 — 0,3 oder 0,7 at absolut. Der Unterdruck wird auch manchmal nicht in at, sondern in % angegeben. 0,3 at Unterdruck würden also 30% Unterdruck entsprechen.

Da es sich bei Unterdruck stets nur um Bruchteile von 1 at handeln kann, nimmt man die Einteilung der Instrumente meist nach cm oder mm Wassersäule oder mm Quecksilbersäule vor. Die Umrechnung in at erfolgt nach den oben gemachten Angaben in einfacher Weise.

Bemerkt sei hier noch, daß die Ausdehnung (Expansion) bzw. das Zusammendrücken (Kompression) der gasförmigen Körper stets im Verhältnis des absoluten Druckes erfolgt.

Bei allen Messungen ist folgendes zu beachten: hat man kein geeichtes Instrument, so muß durch Vergleich mit einem solchen der bei den verschiedenen Anzeigen auftretende Meßfehler, d. i. die Abweichung von der Anzeige des geeichten Instrumentes, festgestellt werden.

Richtige Temperaturmessungen sind besonders schwierig auszuführen, da man hierbei den Einfluß aller Teile der Umgebung der Meßstelle, deren Temperatur höher oder niedriger ist, sorgfältig ausschalten muß, wenn man nicht vollständig falsche Temperaturangaben erhalten soll.

Soll z. B. die Temperatur eines Raumes gemessen werden, so können die Wände entweder höhere oder tiefere Temperaturen besitzen als der den Raum füllende gasförmige Körper, je nachdem das Gas die Wand oder die Wand das Gas zu erwärmen hat. Das Instrument ist so anzubringen, daß es weder Wärme von den Wänden durch Strahlung erhalten noch an die Wände Wärme ausstrahlen kann. Die hiebei notwendige Umhüllung ist im 1. Fall blank, im 2. Fall geschwärzt, stets aber so auszuführen, daß das Gas, dessen Temperatur zu messen ist, ungehindert am Instrument vorbeistreichen kann. Soll die Temperatur der Wand gemessen werden, so ist der Einfluß des Gases in ähnlicher Weise auszuschalten. Solche Messungen sind an industriellen Feuerungsanlagen oft notwendig, damit man sich ein Bild über die Wärmevorgänge im Innern und über die Wirtschaftlichkeit der Verbrennungsanlage machen kann. Man nennt dies eine »Wärmebilanz«. Auch kann man durch Messungen an verschiedenen Stellen der Feuerungsanlage an dem Verlauf des Temperaturgefälles etwaige Fehler auffinden. — Soll in einem Zimmer die Lufttemperatur gemessen werden, so darf das Thermometer niemals an der Wand angebracht werden, sondern es muß in der Raummitte in etwa 1,8 m Höhe über dem Boden frei aufgehängt sein. Auch bei der Messung der Temperatur im Innern eines Härte- oder Glühofens sowie bei Schmelzöfen müssen die erwähnten Gesichtspunkte wohl beachtet werden.

Wenn in strömenden Gasen Druckmessungen vorgenommen werden sollen, so muß die dazu verwendete Röhre, an die das Meßinstrument

angeschlossen wird, so eingebaut werden, daß das an der Öffnung vorbei-
strömende Gas voll einwirken kann.

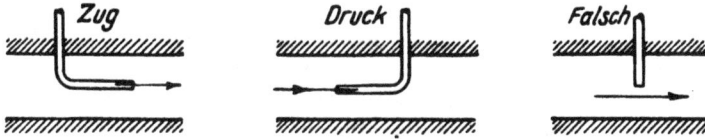

Meßgeräte für Temperaturen:

Von $-39°$ bis $+300°$C: Quecksilber-Thermometer mit luftleerer
    Glasröhre,

von $-39°$ bis $+350°$C: Quecksilber-Thermometer mit Stickstoff-
    oder Kohlensäure gefüllt,

von $-39°$ bis $+750°$C: Quecksilber-Thermometer mit gasgefülltem
    Quarzglasrohr,

unter $--39$: Thermometer mit Weingeist, Toluol, Petrol-Äther gefüllt.

Statt der Flüssigkeitsthermometer verwendet man bei Betriebs-
messungen die Metallthermometer, bei denen die Krümmung eines aus
zwei Metallen von verschiedener Wärmeausdehnung zusammengenieteten
Teiles ein Maß für die Temperatur gibt.

Bis etwa $+1000°$C benützt man Thermoelemente, das sind Drähte
aus zwei verschiedenen Metallen deren Lötstelle in den Meßraum
gebracht wird, wobei ein elektrischer Spannungsunterschied entsteht,
der mit der Temperatur zunimmt, und der gemessen wird.

Für Temperaturen von $+500$ bis $+2000°$C verwendet man
optische Meßinstrumente, Pyrometer genannt, wobei die Helligkeit

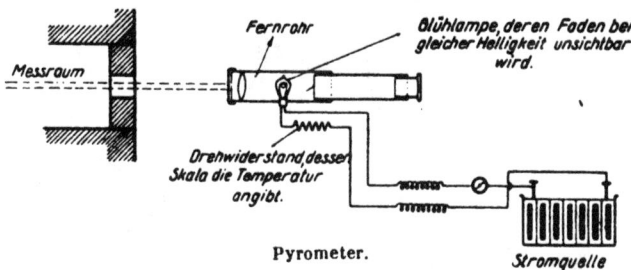

Pyrometer.

der Glühfarbe des zu messenden Raumes mit einer Vergleichslampe
verglichen wird.

Hier seien auch die Glühfarben des Eisens angeführt:

im Dunkeln rotglühend .	500°	kirschrot	900°
dunkelrot	700°	hellkirschrot	1000°
dunkelkirschrot	800°	dunkelorange	1100°

helles Glühen	1150 ^{0}	starkes Weißglühen . . .	1350 ^{0}
hellorange	1200 ^{0}	Schweißhitze . . .	1400—1500 ^{0}
weißglühend	1300 ^{0}	blendendweiß . . .	über 1500 ^{0}.

Die in der Tonwarenindustrie gebrauchten »Segerkegel« sind Quarzmischungen von bekannten Schmelzpunkten in Form dreikantiger Pyramiden. Das Weichwerden des entsprechenden Kegels, von denen stets eine »Reihe« von 3 Stück eingebracht wird, zeigt die Temperatur an.

Meßgeräte zur Druckmessung: Manometer, Vakuummeter, Zugmesser.

Flüssigkeitsmanometer können für geringen Überdruck und für Unterdruck verwendet werden. Sie zeigen sehr genau. Die Manometerröhre ist offen. Der Höhenunterschied der Flüssigkeitsstände in beiden Schenkeln zeigt unmittelbar den Über- bzw. Unterdruck an.

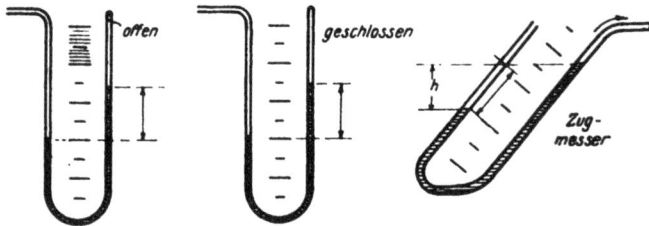

Gasmanometer haben eine geschlossene Manometerröhre. Der Raum über der Sperrflüssigkeit ist mit einem Gas gefüllt und nimmt im Verhältnis des absoluten Druckes dieses Gases an Größe zu bzw. ab.

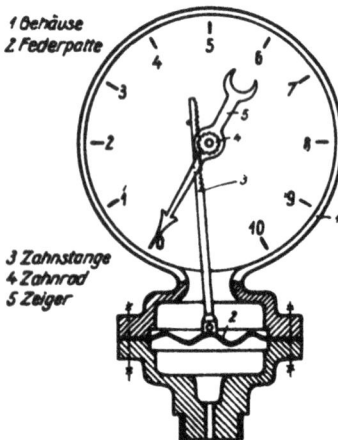

Plattenmanometer.   Röhrenmanometer.

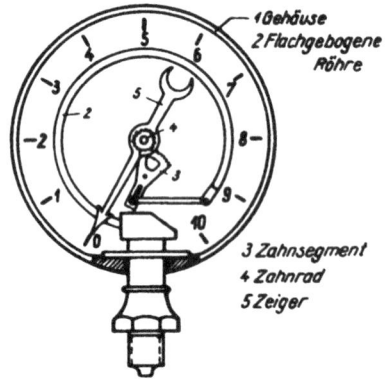

Differentialmanometer geben durch Verwendung verschiedener Flüssigkeiten von verschiedenem spez. Gewicht stark vergrößerte Anzeigen, ermöglichen also das Ablesen sehr kleiner Druckschwankungen.

Störend ist bei Flüssigkeitsmanometern der Umstand, daß infolge des Einflusses der Gefäßwand die Flüssigkeit keine ebene Begrenzung zeigt, sondern eine Kuppe (wenn die Wand nicht benetzt wird) oder eine Vertiefung (wenn die Wand benetzt wird). Man nennt diese Krümmung den Meniskus. Je weiter das Rohr, desto weniger störend wirkt diese Erscheinung. Man beobachtet die Begrenzung der Flüssigkeit in der Mitte der Wölbung.

Für höheren Druck verwendet man Metallmanometer, bei denen die Durchbiegung einer dünnen Metallplatte oder die Krümmung einer dünnwandigen Metallröhre auf einen Zeiger übertragen wird.

3. Die Wärmeeigenschaften der Körper.

Darunter versteht man das Verhalten der Körper bei Änderung ihres Wärmezustandes, hervorgerufen durch Zuführung bzw. Entzug von Wärme, also Schmelz- und Siedetemperatur, Verhalten bei der Zustands-änderung, Wärmeausdehnung, Wärmeleitvermögen, Abgabe und Aufnahme von Wärmestrahlung. Aufnahmefähigkeit für Wärme (Speichervermögen), Schmelz- und Verdampfungswärme, Verhalten bei dauernder und bei wechselnder Erwärmung. Soweit diese Eigenschaften zahlenmäßig erfaßt werden können, sind die betreffenden Angaben in Zahlentafeln zusammengestellt worden.

1. Verhalten bei Zustandsänderungen. Die Zustandsform (fest, flüssig, gasförmig) wird bedingt durch den größeren oder geringeren Zusammenhang der Moleküle). Um einen Körper aus dem festen in den flüssigen oder aus dem flüssigen in den gasförmigen Zustand über-zuführen, also zum Schmelzen und zum Verdampfen, braucht man eine bestimmte Menge Wärme, die man als Schmelz- bzw. Verdampfungs-wärme bezeichnet. Erfolgt die Zustandsänderung in umgekehrter Richtung, so wird die gleiche Wärmemenge wieder frei, d. h. sie kann nach außen abgegeben werden. Da die Wärme gewichtlos ist, so ändert sich bei der Zustandsänderung das Gewicht eines Körpers nicht. 1 kg Eis gibt 1 kg flüssiges Wasser, dieses 1 kg Wasserdampf. Darauf beruht z. B. die Berechnung der in einem Dampfkessel erzeugten Dampfmenge (in kg) aus der Menge des verdampften Wassers (1 l Wasser wiegt 1 kg). Während der Zustandsänderung bleibt die Temperatur des Körpers gleich, da hiebei alle zugeführte Wärme zur Zustandsänderung verbraucht wird (Schmelz- und Verdampfungswärme), während sie bei Herbeifüh-rung des umgekehrten Vorganges frei wird, d. h. aus dem Körper ent-weicht. Daher die Bezeichnung: Schmelzpunkt, Siedepunkt, Taupunkt, Erstarrungspunkt für die betreffenden Temperaturen.

Während bei Übergang aus dem festen in den flüssigen Zustand und umgekehrt der Druck im allgemeinen keine Rolle spielt, beeinflußt er beim Übergang in den gasförmigen Zustand sowohl den Siedepunkt und Taupunkt, als auch die Verdampfungswärme. Dieser letzte Umstand spielt in der Wärmetechnik eine große Rolle. Es gelingt nämlich durch Druckminderung ein Verdampfen bei tieferen Temperaturen, durch Drucksteigerung eine Erhöhung der Siedetemperatur zu erreichen.

Beispiel: Kältemaschine, Dampfkessel, Papinscher Topf, Vulkanisierapparat. Bei den Versuchen, den höchsten Berg der Erde zu bezwingen, bereitete der Umstand, daß das Wasser schon in »handwarmem« Zustand zum Sieden kommt, den in 7000 m Lagernden außerordentliche Beschwerden, da ihnen die Herstellung heißer Getränke dadurch unmöglich wurde.

Beim Erstarren schwinden die Metalle (Schwindmaß bei der Modellherstellung beachten!), Wasser dehnt sich beim Gefrieren aus. Darauf beruht die Zerstörung von Rohrleitungen. Zylinder, Beton, Steinen (Verwitterung), Putz durch Gefrieren des eingeschlossenen Wassers.

2. Wärmeausdehnung. Alle Körper vergrößern beim Erwärmen ihren Rauminhalt, sie dehnen sich aus, während sie sich beim Erkalten zusammenziehen. Bei festen Körpern ist außer der Raumausdehnung auch die Längenausdehnung, besonders bei langgestreckter Form zu beachten. Bei einseitiger Erwärmung kann unter Umständen ein »Verziehen« eintreten, was z. B. zum Undichtwerden von Verschlüssen an Feuerungen führt.

Wird dem Ausdehnungs- bzw. Zusammenziehungsbestreben keine Rechnung getragen, so treten Kräfte auf, die unter Umständen sehr groß werden und bei unnachgiebigen Körpern starke Zerstörungen hervorrufen können (Dampfleitungen, Schleifleitungen für elektrische Krane, Gerüste, Brücken, Dachbinder). Bei hohen Temperaturen ist zu beachten, daß die gleichzeitig verwendeten Baustoffe keine verschiedene Ausdehnung besitzen dürfen, bzw. daß sie sich dann frei ausdehnen können, dies gilt insbesondere für Ausbesserungsarbeiten aller Art, damit kein »Verziehen« oder »Treiben« eintritt. Man kann aber vielfach noch beachten, daß z. B. Sprünge an Motorenzylindern durch Einstemmen von Kupfer in die Fugen abgedichtet werden. Die stärkere Wärmeausdehnung des Kupfers bewirkt aber beim Heißwerden ein mitunter nicht unbeträchtliches »Treiben«. Auch beim Einpassen von Glas- und Porzellanteilen in Beleuchtungskörper, besonders für Gaslampen ist auf die Ausdehnungsmöglichkeit Rücksicht zu nehmen, ebenso beim Einschmelzen von Drähten in Glas wie beim Drahtglas, Glühlampe, Röntgenröhren und beim Einmauern von Eisenteilen. Überzüge auf Metallen, die beim Erwärmen nicht rissig werden sollen, müssen gleiche Wärmeausdehnung besitzen wie das Metall. Die Eisenbahnschienen erhalten am Stoß eine Fuge. Dies setzt aber voraus, daß sich die Schienen frei ausdehnen können, was durch die Schwellen und die Bettung erreicht wird. Werden aber Eisenschienen, z. B. die Fahrbahnen von Kranen,

Schiebebühnen, Bunkerbahnen usw. auf Beton fest verlegt, so können sie sich nicht frei ausdehnen. Dabei treten dann nicht selten umfangreiche Zerstörungen des Betons auf.

Auf der ungleichen Längenausdehnung verschiedener Metalle beruhen die Metallthermometer und die Kompensationspendel und Anker der Uhren. Eine Reihe von Baustoffen zeigt außer der vorübergehenden Ausdehnung eine bleibende Vergrößerung, die man als »Wachsen« bezeichnet, andere wieder eine bleibende Verkleinerung »Schwinden«. Letzteres tritt bei künstlichen Bausteinen auf und beruht auf Sinterung einzelner Bestandteile. Das Schwinden wasserhaltiger Körper beruht auf Feuchtigkeitsverlust, ist aber ebenfalls bei Baustoffen zu beachten (Holz, Tonwaren, Porzellan beim Brennen). Gußeisen wächst im Feuer. Roste, Roststäbe, Herdplatten z. B. müssen in neuem Zustand Spielraum erhalten, damit sie wachsen können.

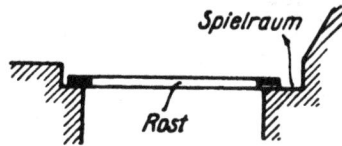

3. Aufnahme und Abgabe der Wärme. Die Übertragung der Wärme von einem Körper auf den anderen oder auf benachbarte Teile eines und desselben Körpers erfolgt nicht bei allen Körpern gleich schnell. Man braucht z. B. zur Temperaturerhöhung gleicher Gewichtsmengen verschiedener Körper um die gleiche Anzahl Thermometergrade ganz verschiedene Wärmemengen. Man nennt die Wärmemenge, die zur Temperatursteigerung von 1 kg eines Körpers um 1 ° C erforderlich ist »die spezifische Wärme« des betreffenden Körpers. Körper von hoher spezifischer Wärme besitzen auch die Eigenschaft, die Wärme länger zu halten bzw. aufzuspeichern. Bekannt ist ja auch die Einteilung in »gute« und »schlechte« Wärmeleiter. Erfolgt die Übertragung der Wärme innerhalb eines Körpers, so spricht man von Wärmedurchgang oder Wärmeleitung und hat hiefür die Wärmedurchgangszahl oder Wärmeleitzahl als Maßstab eingeführt; tritt dagegen die Wärme von einem auf einen benachbarten Körper über, so spricht man von Wärmeübergang bzw. Wärmeübergangszahl. Die Wärme kann auch noch durch Strahlung übertragen werden. Die Wärmeschwingungen können nämlich auch die Moleküle des den Körper umhüllenden Gases (Luft) in Bewegung setzen, wodurch die Wärmestrahlung ermöglicht wird, ohne daß sich das Gas dabei erwärmt. Beim Auftreffen auf undurchlässige Körper dagegen wird die Strahlungswärme entweder ganz oder zum Teil aufgesaugt (absorbiert), wobei sich der Körper erwärmt oder zurückgeworfen (reflektiert). Dunkle, matte Körper nehmen Wärmestrahlen auf, »helle«, »glänzende« dagegen nicht. Die für einige Körper festgestellten Strahlungszahlen gelten nur angenähert und sollen hier nur zum Vergleich angeführt werden. Diese Eigenschaft der Oberflächen gelten aber nicht nur für die Aufnahme, sondern in gleicher

2*

Weise auch für die Aussendung der Wärmestrahlen. Hier einige Beispiele für die Anwendung im praktischen Leben. Helle Tropenkleidung, heller Anstrich der Häuser in heißen Gegenden, heller Anstrich der Eisschränke und Kühlwagen. Backbleche und Backformen sollen schwarz sein; ebenso sollen die Außenflächen der Öfen dunkel und matt sein; die »Thermosflasche« bei der alles vorgesehen ist (nämlich: kein Wärmeübergang, da der Zwischenraum luftleer ist, Zurückwerfen der Wärmestrahlen durch den Spiegelbelag), um die Wärmestrahlung zu erschweren. Die dunkle Hautfarbe der Bewohner der heißen Zone sowie die Bräunung der Haut im Sonnenbrand sind nur scheinbare Widersprüche, da die Farbstoffe (Pigmentkörper), die unter der Haut sitzen, eben die Aufgabe haben, die zugeführte Wärme aufzunehmen und nicht in das Innere zu lassen.

Wärmeeigenschaften des Wassers.

Schmelzpunkt: $0°$ C; Siedepunkt

bei 760,0 mm Barometerstand	100,0 $°$ C
» 700,0 » »	97,7 $°$ C
» 0,5 at abs. Druck	80,9 $°$ C
» 1,5 at » »	110,7 $°$ C
» 2,0 at » »	119,6 $°$ C
» 3,0 at » »	132,8 $°$ C
» 5,0 at » »	151,0 $°$ C
» 10,0 at » »	178,9 $°$ C

Verdampfungswärme bei $100°$ 538 WE,
Wärmedurchgangszahl 0,5 spezifische Wärme 1,0,
räumliche Ausdehnung 0,00018 je $°$ C,
Schmelzwärme des Eises: 80 WE.

In obigen Zahlen zeigt sich der Einfluß des Druckes auf die Siedetemperatur.

Wärmeeigenschaften verschiedener Stoffe.

	Schmelz-temperatur	Längen-ausdehnung	Wärme-Durchgangs- od. Wärme-leitzahl	Spez. Wärme zw. 0 u. 100°	Strahlungs-zahl
Aluminium	657	0,0024	175	0,21	—
Bronze	900	0,0029	—	0,092	—
Eisen	1200	0,0011	56	0,115	1,6—4,5 je nach Oberfläche
Kupfer	1083	0,0016	320	0,094	0,79
Messing	900	0,0019	70—110	0,092	1,03
Nickel	1450	0,0013	50	0,11	—
Silber	961	0,0019	360	0,056	—
Kesselstein	—	—	2—3	—	—
Cham.-Stein	—	—	0,6—0,7	—	—
Ziegelstein	—	—	0,5	—	—

Nachstehende Versuche geben ein anschauliches Bild.

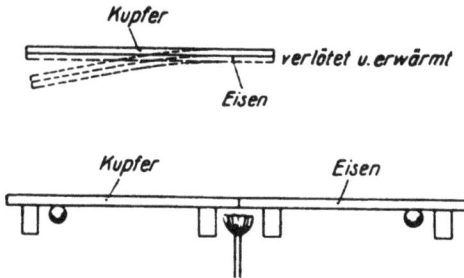

Beachte den Zeitpunkt des Abfallens der Wachskugeln.

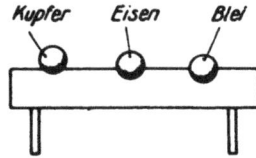

3 Kugeln aus verschied. Metall auf gleiche Temperatur oder gleichlang erwärmt und auf Wachsplatte gelegt. Zeit und Tiefe des Einsinkens beobachten.

Gefäße verschiedener Wandstärke, aus verschiedenem Baustoff (Aluminium, Eisen). Beachte die Zeitdauer bis zum Beginn des Siedens! Beachte die verschiedene Leitfähigkeit.

Die Längenausdehnung ist in folgender Weise zu ermitteln: z. B. wieviele mm wird ein Eisenstab länger, der bei 15° C 2,2 m lang ist, wenn er auf 700° C erwärmt wird? Ausdehnungszahl des Eisens 0,0011 für je 100°. Ausdehnung = ursprüngliche Länge × Ausdehnungszahl × Erwärmung in ° geteilt durch 100 = 2200 × 0,0011 × 685°: 100; Ausdehnung = 1,507 mm. — Die Wärmedurchgangs- oder Wärmeleitzahl gibt an, wieviele WE stündlich durch 1 m² Fläche an eine andere Fläche des gleichen Körpers im Abstand von 1 m bei 1° Temperaturunterschied übergehen. Z. B. Kupfer hat die Wärmeleitzahl 320; wieviele WE gehen also stündlich von einer Seite eines 0,5 mm starken Kupferbleches von 0,4 m² Größe nach der anderen Seite über, wenn die Temperatur auf der erwärmten Seite 1100°, auf der anderen Seite 100° C beträgt (z. B. Kochgeschirr).

Übergehende Wärmemenge = Wärmedurchgangszahl × Temperaturunterschied × Fläche in m²: Wandstärke in m = 320 × 1000 × 0,4 : 0,0005 = 256 000 000 WE in der Stunde oder 71 000 WE in der Sekunde.

Wie ist es im Gegensatz hiezu bei einem gleichgroßen und gleichstarken Eisenblech, dessen Durchgangszahl 56 ist?

56 × 1000 × 0,4 : 0,0005 = 44 800 000 in der Stunde oder 12 500 WE in der Sekunde. Es gehen also unter sonst gleichen Verhältnissen in derselben Zeit durch Kupfer etwa 5,7 mal so viel WE hindurch als durch Eisen. Man denke sich nun einen Kesselstein- oder Rußbelag auf der Metallwand und sieht sofort die Wirkung dieser als schlechte Leiter, Leitzahl 2—3, anzusprechenden »Verzierungen«.

Der Wert der hier und in den folgenden Tafeln angeführten Zahlen liegt für den Praktiker hauptsächlich darin, daß sie eine Vergleichsmöglichkeit der meist verwendeten Baustoffe bieten. Genaue Berechnungen sind deshalb schwierig, weil die bei Wärmevorgängen unvermeidlichen Verluste schwer zu erfassen sind.

Leitfähigkeit der Isolierstoffe (Wärmedurchgangszahlen).

a) bei hohen Temperaturen:

	bei 100°	200°	300°	400°	500°
Asbest	0,167	0,18	0,186	0,192	0,198
Kieselgur	0,066	0,074	0,078	—	—
Baumwolle	0,059	—	—	—	—
Korkmehl	0,048	0,55	—	—	—
Hochofenschlacke . .	0,095	—	—	—	—
Sägemehl	0,055	—	—	—	—
ruhende Luft	0,19	—	—	—	—

b) bei tiefen Temperaturen:

	bei 0°	— 100°	— 200°
Asbest	0,13	0,117	0,071
Baumwolle	0,05	0,038	0,023
Seide	0,04	0,03	0,02

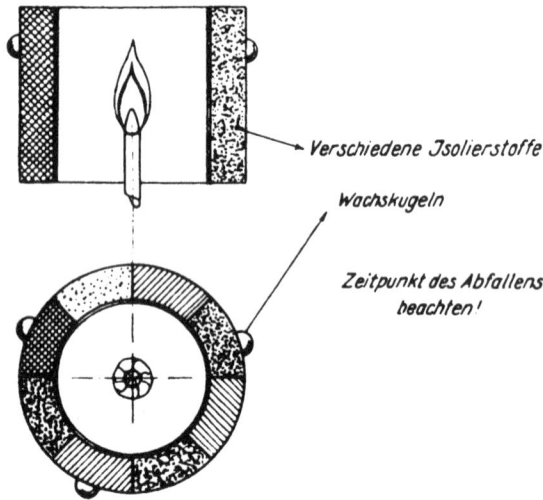

Verschiedene Jsolierstoffe

Wachskugeln

Zeitpunkt des Abfallens beachten!

Wärmeübergang von Wänden auf strömende Flüssigkeiten oder Gase und umgekehrt.

Hier gilt allgemein: Der Wärmeübergang ist desto besser, je rascher sich die Flüssigkeit oder das Gas bewegt. Dies ist bei allen Heizvorrichtungen zu beachten. Man erklärt dies damit, daß bei größerer

Geschwindigkeit, die infolge der Reibung an den Wänden stehenbleibende »ruhende« Schicht dünner wird.

Meist wird das Gegenstromprinzip angewendet, wobei die Heizgase, die entgegengesetzte Richtung der zu erwärmenden Gase haben. Zweck: Gleiches Temperaturgefälle.

Erwärmung ruhender Gas- und Flüssigkeitsmengen:

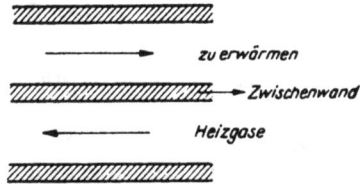

Hiebei ist die infolge des Auftriebes der erwärmten Schichten entstehende Strömung zu beachten, da ohne dieselbe ein Wärmeübergang infolge der geringen Leitfähigkeit nur sehr langsam erfolgt. Durch nachstehend angeführte Versuche kann man sich hievon leicht ein Bild machen.

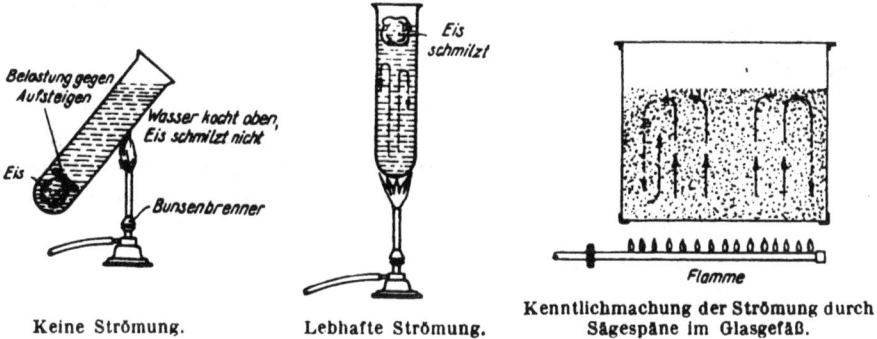

Keine Strömung.   Lebhafte Strömung.   Kenntlichmachung der Strömung durch Sägespäne im Glasgefäß.

4. Die Gewinnung der Wärme.

Die unserer Erde von früher her innewohnende Wärme läßt sich nur in beschränktem Maße ausnützen. In vulkanischen Gegenden kann man die ausströmenden Dämpfe und heißen Quellen zur Wärmeabgabe heranziehen. Die von der Sonne ständig herabgestrahlten Wärmemengen sucht man in Sonnenkraftmaschinen (meist sind dies große Hohlspiegel) aufzufangen, doch kann dies nur in der Nähe des Äquators mit Erfolg geschehen, kommt also für unsere Gegenden überhaupt nicht in Frage.

Pflanze und Tier können aber gewisse Stoffe in ihrem Körper aufspeichern, z. B. Holz, Öl, Fett, aus denen sich Wärme gewinnen läßt. Dies geschieht durch Verbrennung, weshalb diese Stoffe als Brennstoffe bezeichnet werden. An verschiedenen Stellen finden wir nun Überreste ehemaliger Lebewesen, die durch irgendeine Katastrophe begraben aber dank verschiedener günstiger Umstände vor Verwesung geschützt durch Druck und Wärme in Kohle (Pflanzen) bzw. Erdöl (Tierreste) verwandelt wurden. Einem ähnlichen Vorgang verdanken wir die Torflager.

Unsere ganze Wärmegewinnung beruht nun fast ausschließlich auf der Ausnützung der Brennstoffe. Unser Kraftbedarf für Industrie, Gewerbe, Verkehr wird fast allein durch die Umwandlung dieser Wärme in Arbeit gedeckt.

Wenn wir nun unsere Einbuße von Kohlenfundstätten durch den »Friedensvertrag« und seine Folgen (Elsaß-Lothringen, Saarland, Oberschlesien, Ruhreinbruch) und ferner das Fehlen von Erdölvorkommen (Benzin!) und den Verlust der Kolonien uns vor Augen halten, so braucht die Notwendigkeit wirtschaftlicher und sparsamer Verwendung unserer Brennstoffe zur Wärmegewinnung wohl nicht weiter betont werden. Dazu kommt aber noch, daß die Gewinnung der Kohlen mit zunehmender Abbautiefe immer schwieriger wird und daß die Förderkosten die Brennstoffpreise erheblich beeinflussen. Die Brennstoffkosten wieder wirken infolge des Verbrauches für Herstellung und Transport (s. Verbrauchszahlen S. 35) auf die Gestehungskosten fast aller Erzeugnisse ein.

Daß Wärme durch mechanischen Druck oder Stoß erzeugt werden kann, ist bekannt.

Auch bei der Gärung, beim Löschen von Karbid und Kalk und bei anderen chemischen Vorgängen entstehen erhebliche Wärmemengen.

Die Erwärmung von Drähten beim Durchgang des elektrischen Stromes wird zu Leucht- und Heizzwecken benützt. Aber der elektrische Strom muß ja selbst künstlich, und zwar zum größten Teil durch Wärmekraftmaschinen, erzeugt werden, da es noch nicht gelungen ist, die Luftelektrizität nutzbar zu machen.

Die Verbrennung.

Um die in den Brennstoffen enthaltene (aufgespeicherte) Wärme nutzbar machen zu können, muß man sie erst auf eine gewisse Höhe (Temperatur) bringen, damit das nötige Temperaturgefälle vorhanden ist. Dies geschieht durch die Verbrennung.

Unter Verbrennung versteht man die chemische Verbindung eines Körpers mit Sauerstoff unter Licht- und Wärmeerscheinungen. Erfolgt diese Verbindung sehr rasch, so nennt man den Vorgang Verpuffen oder Explosion. Zur Verbrennung gehören 3 Dinge: 1. Der brennbare Körper, 2. Sauerstoff, 3. Die zur Vereinigung des Sauerstoffes mit dem Körper erforderliche Temperatur (Entzündungstemperatur). Fehlt auch nur eines von diesen dreien, so ist eine Verbrennung unmöglich. Bei teilweisem Fehlen bzw. Mangel erfolgt die Verbrennung schlecht und unvollständig. Wie bei allen chemischen Vorgängen erfolgt die Vereinigung mit Sauerstoff nach bestimmten Gewichtsverhältnissen. Bei gasförmigen Körpern ändert sich der Raumbedarf einer bestimmten Gewichtsmenge mit dem Druck und der Temperatur. Bei Luft muß außer dem Barometerstand (Druck) auch der Wasserdampfgehalt in

Rechnung gezogen werden. Die ursprünglich vorhandenen und die zugeführten Körper verschwinden, soweit sie an der Verbrennung teil-
genommen haben, während aus ihnen neue Körper, Verbrennungsproduk-
te genannt, entstehen, und die Bestandteile, die nicht verbrannt wurden,
entweder als Rückstände zurückbleiben oder mit den Verbrennungs-
produkten entweichen.

Dabei bleibt die Summe der Gewichte der einzelnen Bestandteile
unverändert.

Z. B. Brennstoff + Luft wiegt genau so viel wie Asche + Rückstände + Rauchgase.

Ausgenützt wird bei der Verbrennung entweder die Leuchtwirkung
für Beleuchtungszwecke, oder die entstehende Wärme (Verbrennungswärme). Der Verbrennungsvorgang muß, wenn keine Verschwendung
an Brennstoffen eintreten soll, nach folgenden Gesichtspunkten geregelt werden.

1. Restlose Verbrennung, d. h. keine brennbaren Rückstände
   und keine unverbrannten Teile in den Verbrennungsgasen.
2. Vermeidung der Wärmeverluste, d. h. möglichst vollständige
   Ausnützung der Verbrennungswärme.

Wenn man einen schadhaften Gartenschlauch benützt, so geht viel
Wasser durch die Löcher verloren, d. h. man bringt es nicht dort hin
wo man es haben möchte. Auch die Wärme benützt gerne solche
»Löcher«, um sich seitwärts zu empfehlen.

Zur Verbrennung gelangen die sog. Brennstoffe, die der Haupt-
sache nach aus Kohlenstoff, Wasserstoff sowie aus Verbindung beider
(Kohlenwasserstoffe) bestehen, daneben aber noch Sauerstoff, Schwefel,
Stickstoff und Wasser enthalten, sowie unverbrennliche Bestandteile,
die Asche oder Schlacke bilden.

Man kann die Brennstoffe einteilen:

a) in feste, flüssige und gasförmige,
b) in natürliche und künstliche,
c) in einheimische und fremdländische,
d) in hochwertige und minderwertige.

Es ist für die Volkswirtschaft außerordentlich wichtig, daß einmal
möglichst wenig ausländische Brennstoffe eingeführt werden, daß ferner
hochwertige Brennstoffe nur dort verwendet werden, wo minderwertige
nicht ausreichen und daß möglichst künstliche Brennstoffe verbraucht
werden, weil bei deren Herstellung aus natürlichen Stoffen, viele wert-
volle Bestandteile, wie Teerprodukte, Ammoniak, Schwefel und der-
gleichen gewonnen werden können, die bei der Verfeuerung der natürlichen Brennstoffe verloren gehen und weil auch eine bessere Ausnutzung
der flüssigen und gasförmigen Brennstoffe, die hiebei gewonnen werden,
möglich ist.

So liefert z. B. 1 t Steinkohle 1400 PS, wenn sie zum Antrieb einer Dampfturbine dient.

Bei der Vergasung von einer Tonne Steinkohle erhält man 350 m³ Leuchtgas, 54 kg Teer = 17 kg Teeröl, 700 kg Koks.

Aus 1 m³ Leuchtgas erzielt man in der Gasmaschine 2 PS, aus 1 kg Teeröl im Dieselmotor 5 PS, aus 1 kg Koks in der Sauggasanlage 1,7 PS.

$$350 \times 2,0 = 700 \text{ PS}$$
$$17 \times 5,0 = 85 \text{ PS}$$
$$700 \times 1,7 = 1190 \text{ PS}$$
$$\text{zusammen: } 1975 \text{ PS,}$$
$$\text{also mehr: } 575 \text{ PS.}$$

Unsere Wirtschaft war infolge der großen Einbuße an Steinkohlenvorräten gezwungen, die Rohbraunkohlen Mitteldeutschlands trotz ihres hohen Wassergehaltes heranzuziehen. Dort sind im Laufe der Kriegs- und Nachkriegszeit gewaltige Anlagen erstanden, in denen die Rohkohlen im Tagbau durch Bagger abgehoben werden und die dort erzeugten Braunkohlenbriketts gehen in alle Welt, in Schweltereien wird Teeröl (Motorentreiböl) mit allen wertvollen Nebenprodukten gewonnen, die erzeugten Gase treiben gewaltige Gasmaschinen. Ein gutes Zeichen für den Wiederaufbau der deutschen Wirtschaft.

Alle festen Brennstoffe sollen nur in trockenem Zustand verfeuert werden, da sonst viel Wärme zur Verdampfung des in ihnen enthaltenen Wassers verloren geht (s. Verdampfungswärme). Das Befeuchten von Kohlen im Schmiedefeuer hat ja gerade den Zweck, die Verbrennung außen, und das Fortfliegen von Koksstaub durch den Gebläsewind, also einen Brennstoffverlust zu verhüten. In weiten Kreisen herrscht aber noch die vollständig irrige Ansicht, daß »nasse« Kohlen besser »brennen.« Brennstoffe sind so zu lagern, daß sie vor Feuchtigkeit geschützt sind (besonders Torf, Rohbraunkohle, Koks, Holz). Bei der Lagerung feuchter und kleinstückiger, besonders staubförmiger Brennstoffe besteht die Gefahr der Selbstentzündung, daher dürfen die Lagerhaufen nicht zu hoch sein. Größere Lager sind auch ständig auf Erwärmung zu überwachen.

Die Wertigkeit der Brennstoffe wird durch den Heizwert ausgedrückt. Man versteht darunter die Zahl der WE, die bei Verbrennung eines kg festen oder flüssigen bzw. eines m³ gasförmigen Brennstoffes entwickelt werden.

Je heizkräftiger ein Brennstoff, desto mehr Wärme gibt er. Der Preis ohne Berücksichtigung des Heizwertes gibt also noch keinen Maßstab für die Wirtschaftlichkeit, d. h. man kann unter Umständen mit einem hochwertigen aber teueren Brennstoff billiger heizen als mit einem wohlfeilen aber minderwertigen, besonders, wenn derselbe, wie manche Rohbraunkohlen, hohen Wassergehalt besitzt (bis zu 50%).

Unter Zugrundelegung des Brennstoffpreises errechnet man den Wärmepreis, das sind die Kosten für 1000 WE, die man aus einem bestimmten Brennstoff erhält.

Kostet z. B. 1 t Koks 40 M. so errechnet sich der Wärmepreis folgendermaßen:

1 t Koks ergibt $1000 \times 7000 = 7\,000\,000$ WE,

$7\,000\,000$ WE kosten M. $40 = 4000$ Pf.,

1000 WE kosten $4000 : 7000 = 0{,}57$ Pf.

Aber auch der Wärmepreis gibt noch nicht das richtige Bild, da er nur die Kosten für je 1000 aus dem Brennstoff gewonnene oder erzeugte WE darstellt. Bei der Umwandlung der Wärme in Arbeit — bei der Nutzbarmachung der Wärme z. B. zum Kochen oder Heizen geht aber stets ein Teil der Wärme verloren. Man bezeichnet nun das Verhältnis der Zahl der ausgenützten WE (kleiner) zur Zahl der erzeugten, zur Ausnützung zur Verfügung stehenden, also der aufgewendeten WE (größer), als den Wirkungsgrad (Wärmewirkungsgrad).

Die Kosten für ausgenützte WE ergeben sich aus dem Wärmepreis, wenn man den Wärmepreis durch den Wärmewirkungsgrad der Anlage teilt.

Wärmewirkungsgrade:

Lokomotive	6—10%
Dampfmaschine	12—19%
Explosionsmotor	17—21%
Dieselmotor	27—34%
Offener Gasherd	60%
Kochofen	8—27%
Zimmerofen	80%

Ein Beispiel: a) Kochherd mit 15% Wirkungsgrad, geheizt mit Braunkohle von 5000 WE Heizwert, Preis je Ztr. M. 2,06.

b) Gaskocher, 60% Wirkungsgrad, Gas von 4000 WE zu m³. Preis 18 Pf./m³.

a) $50 \times 5000 = 250\,000$ WE kosten 206 Pf.

1000 WE kosten $206 : 250 = 0{,}81$ Pf.

1000 ausgen. WE kosten $0{,}81 : 0{,}15 =$ **5,4 Pf.**

b) 4000 WE kosten 18 Pf.

1000 WE kosten $18 : 4 = 4{,}5$ Pf.

1000 ausgen. WE kosten $4{,}5 : 0{,}6 =$ **7,5 Pf.**

Dabei ist aber der Kohlenverbrauch zum Anheizen—Weiterkochen noch einzurechnen, der beim Gasherd wegfällt. Man wird also, um 10 l Wasser zum Kochen zu bringen, wohl mit Gas um 7,5 Pf. nicht aber mit Kohlen um 5,4 Pf. auskommen.

Heizwerte der Brennstoffe:

a) Natürliche:

Holz (trocken)	3500—5000	WE/kg
Torf (trocken)	3800	»
Rohbraunkohle (trocken)	2500—3000	»
Mitteldeutsche Braunkohle	3600	»
Oberbayerische Braunkohle	5000	»
Steinkohle (Schlesien)	7000	»
Steinkohle (Saargebiet)	7000	»
Steinkohle (Ruhrgebiet)	7500	»
Anthrazit (Ruhrgebiet)	8000	»
Erdöl (Galizien, Rumänien, Nordamerika)	10000—11000	»
Erdgas (Nordamerika, Südrußland) . . .	8000	»

b) Künstliche:

Benzol: aus Braunkohlenteer und aus Steinkohlengas	10000	WE/kg	
Teeröl	8500	»	
Benzin (aus Erdöl destilliert, Ausland) .	11000	»	flüssig
Spiritus (Rohspiritus)	5700	»	
Pflanzenöle	9300	»	
Petroleum (aus Erdöl destilliert, Ausland)	11000	»	
Koks	7000	»	fest
Braunkohlenbriketts	4800	»	
Steinkohlenbriketts	7500	»	
Leuchtgas aus Steinkohlen	4000—5000	WE/m³	gasförmig
Azetylengas aus Karbid	11500	»	
Kraftgas	1500—2000	»	

Torfkoks, sowie Braunkohlenkoks (Grude) haben nur örtliche Bedeutung. Die genaue Brennstoffkunde kann hier nicht behandelt werden. Die besonderen Vorschriften für die Verwendung der einzelnen Brennstoffe werden in einem späteren Abschnitt besprochen werden. Der Gehalt an mineralischen Bestandteilen (Aschengehalt) setzt natürlich den Heizwert herab. Für die Flammenbildung der festen Brennstoffe ist deren Gasgehalt maßgebend. Besonders gasarm sind Koks, Holzkohle, die ohne Flammenbildung verglühen. Alle übrigen verbrennen mit Flamme. Die festen und flüssigen Brennstoffe werden vorher in den Gaszustand übergeführt (Gasung), worauf bei Vorhandensein der erforderlichen Entzündungstemperatur und bei Zufuhr von Sauerstoff die Verbrennung einsetzt. Der Brennstoff brennt dann von selbst weiter, solange die Temperatur nicht unter die Entzündungstemperatur sinkt und solange die Sauerstoffzufuhr anhält.

Die höchste erreichbare Verbrennungstemperatur ist bei allen Brennstoffen ungefähr gleich, nämlich 2000—2400°C, sie wird aber in den meisten Fällen wesentlich niedriger, und zwar aus folgenden Gründen:

1. findet fast immer eine Abkühlung durch die niedrigere Temperatur der Umgebung statt.
2. wirkt die Luftzuführung abkühlend, weshalb man vielfach Luftvorwärmung anwendet (siehe weiter unten).

Der Sauerstoff wird aus naheliegenden Gründen nur selten als reiner Sauerstoff (Schweißflamme), sondern meist in Form von Luft zugeführt. Luft enthält aber außer 21 Teilen Sauerstoff, 79 Teile Stickstoff. Man muß also, um 1 m³ Luftsauerstoff der Verbrennung zuzuführen, rund 5 m³ Luft zuleiten, wodurch selbstverständlich die Abkühlung verstärkt wird.

Vollständige und unvollständige Verbrennung.

Kohlenstoff verbrennt entweder vollständig zu Kohlensäure (Kohlen-Dioxyd, CO_2), wenn genügend Sauerstoff angeführt wird, oder unvollständig zu Kohlenoxyd (Kohlen-Monoxyd, CO) bei Sauerstoffmangel. Wasserstoff gibt als Verbrennungsprodukt Wasser in Dampfform. Um eine vollständige Verbrennung mit Sicherheit zu erreichen, führt man mehr Luft zu als notwendig ist. In diesem Falle enthalten Flammen und Rauchgase unverbrannten Sauerstoff, sie wirken also oxydbildend (oxydierende Flamme), d. h. sie geben Sauerstoff ab. Oxyde sind Verbindungen von Sauerstoff mit Metallen und manchmal, z. B. beim Schweißen, Löten, Glühen, höchst unerwünscht. Man ist daher in manchen Fällen gezwungen, mit Luft-Unterschuß zu arbeiten; dann enthält die Flamme noch Kohlenoxyd bzw. Wasserstoff, sie wirkt dann Sauerstoff entziehend oder reduzierend.

Die unvollständige Verbrennung ist unwirtschaftlich, daher außer in den erwähnten Fällen und bei der Generatorfeuerung, die auf Erzielung brennbarer Gase hinarbeitet, zu vermeiden. Ihre Ursache bildet außer Luftmangel noch Abkühlung der Flamme unter die Entzündungstemperatur. Ein sicheres Kennzeichen ist Rauch oder Ruß. Der sichtbare Rauch besteht außer den unsichtbaren Verbrennungsgasen, wie Wasserdampf, Kohlensäure, Stickstoff und Sauerstoff noch aus Kohlenoxyd, Teerdämpfen, Rußteilchen und unverbrannten Gasen. Er entsteht bei Luftmangel und wenn nicht in allen Teilen der Feuerung die nötige Entzündungstemperatur besteht, da die Brennstoffe wohl gasen, aber die Gase nicht verbrennen. Der Ruß ist Kohlenstoff, der zwar vergast wurde, sich aber infolge von Abkühlung vor seiner Verbrennung an der abkühlenden Stelle in fester Form niederschlägt: (man halte einen kalten Gegenstand in oder über irgendeine Flamme und überzeuge sich von der prompten Wirkung). Ruß- und rauchbildend wirkt auch zu große Schütthöhe auf dem Rost, besonders bei stark gashaltigen Brennstoffen, und teilweise Verlegung des Rostes. Ein trauriges Bild bilden da unsere Hausfeuerungen. Es ist da ein großer Widersinn: man verschwendet Brennmaterial und muß den entstehenden Ruß mit hohen Kosten auch noch entfernen lassen, damit nicht noch mehr verloren geht, da der Ruß die Kamine und Züge verlegt und außerdem als schlechter Leiter die Wärmeabgabe erschwert.

Nachteile der unvollständigen Verbrennung.

1. Unmittelbare Brennstoffverluste: Ruß und Rauch.
2. Mittelbare Brennstoffverluste durch Verlegung mit Ruß, wodurch Zug und Wärmeabgabe verschlechtert werden.
3. Reinigungskosten.
4. Bildung gefährlicher Gase, besonders Kohlenoxyd, welches sehr giftig ist und außerdem, da noch brennbar, Explosionen hervorrufen kann. (Also fort mit Rauch und Ruß, die außerdem in den Städten bereits zu einer starken Plage geworden sind.)

5. Ausnützung der Wärme.

In diesem Abschnitt soll die praktische Anwendung der Wärmelehre behandelt werden. Die Grundlagen hiefür, die Wärmelehre, wurden bereits im Vorstehenden behandelt, so daß zur Erklärung bzw. Begründung der hier zusammengestellten Regeln und Tatsachen auf diesen Abschnitt hingewiesen wird.

Grundsatz: Vermeidung aller vermeidbaren Verluste bei der Nutzbarmachung der Wärme. Welche Verluste sind unvermeidbar?

a) Wärmeverluste infolge Kühlung, da ungekühlte Teile des Verbrennungsraumes (Zylinder, Rost, Verankerungen zum Zusammenhalten der Ofenbauten) bei hoher Verbrennungstemperatur zerstört werden können. Manchmal ist auch eine Kühlung des Rostes notwendig, um die Bildung zusammenhängender Schlacken zu verhüten:

Wie hoch ist die Verbrennungstemperatur theoretisch?

Steinkohle	2300—2350° C
Torf, Holz, Braunkohle	2250—2400° C
Teeröl	2200° C
Leuchtgas	2140° C
Gebläseflammen	2450° C

Diese Höchsttemperatur wird aber nur selten erreicht, weil Luft-
überschuß und die Flammenoberfläche stark abkühlend wirken.

So ist die Verbrennungstemperatur von Steinkohle bei 1,5facher
Luftmenge nur mehr 1600°, bei 2facher 1300 und bei 3facher 900° C.

Tatsächlich erreichte Verbrennungstemperaturen.

Kesselfeuerung mit Steinkohle	1000—1500° } je nach Luft-
Kesselfeuerung mit Braunkohle ...	700—1500° } überschuß
Leuchtgas-Bunsenbrenner	1870°
Leuchtgas mit Sauerstoff	2200°
Wasserstoff-Sauerstoff (Knallgas) ...	2420°
Azetylen	2550°
Elektrische Flammbogen	3750—4200°

Wie bereits erwähnt, kann durch Vorwärmung der Verbrennungsluft, wozu man die in den abziehenden Rauchgasen noch über-
schüssig enthaltene Wärme benützen kann, eine wesentliche Erhöhung
der Verbrennungstemperatur gegenüber der Verwendung von Kaltluft
erzielt werden.

b) Wärmeverluste durch den Kaminzug. Die entstehenden
Rauchgase müssen eine gewisse Temperatur besitzen, wenn der Kamin
»ziehen« soll, jedoch nicht mehr als 300° C. Über Kaminzug siehe den
Abschnitt »Feuerungen«!

Vermeidbare Verluste können vor, während und nach der Verbrennung entstehen. (Brennbare Rückstände, unvollständige Verbrennung, Ruß.)

Verbrennung der festen Brennstoffe. Hiezu ist meist ein sog.
Rost notwendig, der die Zufuhr von Luft von unten her gestattet. Holz
und Torf werden besser ohne Rost verbrannt, da sie sauerstoffreich
sind (Rost abdecken). Braunkohlenbriketts brennen bei ganz geschlossenen Türen weiter, wenn sie richtig in Glut sind. Braunkohle, die in
großen Mengen verbrannt wird, erfordert Treppenroste. Von Wichtigkeit ist die Schütthöhe und die Stückgröße. Die Brennstoffstücke
sollen in gleichmäßiger Höhe aufgeschüttet werden und den Rost ganz
bedecken. Je kleiner die Stückgröße, desto kleiner soll die Schütthöhe
sein. Zu große Stücke bieten dem zutretenden Sauerstoff zu wenig
Oberfläche, sollen daher zerkleinert werden. Torf und Holz am besten
in Faustgröße, Kohle in Eigröße. Kohlenabfälle streifenweise auf die
Glut legen, nie die ganze Glut bedecken. Beim Nachlegen frischen
Brennmaterials ist das glühende Material auf die Seite der abziehenden
Gase zu schieben, damit die Gase, die sich beim Erwärmen des frischen
Materials bilden, über die Glut streichen müssen und sich dort entzünden
können. Auch hier nie einfach die Glut mit neuem Brennstoff über-

decken, da sonst Rauchbildung unvermeidlich ist. Bei Brennstoffen, die lange Flammen bilden, dürfen die Flammen die Wände des Feuerraumes und auch die obere Begrenzung nicht berühren (Rußbildung).

Stochern hat nur bei Brennstoffen einen Wert, die starke Schlacken bilden. Bei solchen, die leicht zerfallen, wie Briketts, ist es ein Unsinn. Beim Schlacken, und dies auch gilt für Kesselfeuerungen, ist niemals der ganze Rost auf einmal zu schlacken, sondern jeweils eine Längshälfte. Koks erfordert große Schütthöhe, starken Zug, und oftmaliges Schlacken. Die Rostspalten müssen stets frei gehalten werden (frei machen von unten her!) und der Stückgröße des Brennstoffes angepaßt sein, Durchfallen). Zu große Rostflächen werden zweckmäßig abgedeckt. Vor allem soll aber jedes Brennmaterial nur in gut getrocknetem Zustand verwendet werden.

Die flüssigen Brennstoffe. Dieselben benötigen stets eigene »Brenner«.

Die haben entweder die Aufgabe, die vorher vergaste Flüssigkeit mit Luft zu mischen oder die Flüssigkeit zu zerstäuben. Von den einfachsten Brennern, den Dochten (Kerze, Petroleum und Spiritusbrenner) sei hier abgesehen. Die Grundsätze bei der Verbrennung der vorher vergasten Brennstoffe sind dieselben wie bei Verwendung der gasförmigen Brennstoffe. Zum besseren Verständnis sei hier das Wesen der »Flamme« kurz dargestellt.

a) Die »leuchtende« Flamme. Dieselbe enthält im Innern einen dunklen Kern (a) der kalt ist. Dort erfolgt die Vergasung des Brennstoffes. Man kann sich leicht von der niedrigen Temperatur dieses Kerns überzeugen, indem man ein Zündholz rasch so in die Flamme einführt, daß der Kopf desselben sich im Kern befindet. Das Zündholz brennt außen an, der Kopf entzündet sich nicht.

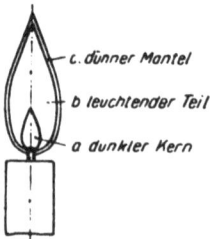

c. dünner Mantel
b leuchtender Teil
a dunkler Kern

Um den Kern liegt ein »leuchtender« Teil (b) der aus glühenden Gasen besteht. Das Leuchten wird besonders durch glühenden, vergasten Kohlenstoff hervorgerufen; kohlenstoffarme Flammen leuchten nur schwach (Spiritus, Weingeist). Die Verbrennung der Flammengase erfolgt in dem außenliegenden dünnen Mantel (c), da die Verbrennungsluft nur von außen hinzutreten kann. Diese leuchtende Flamme neigt stark zu Rußbildung, welche schon bei geringer Abkühlung eintritt.

Um diese Mängel, nämlich Rußbildung und Verminderung der Temperatur zu beseitigen, entleuchtet man die Flamme.

b) Die entleuchtete Flamme: Bei dieser wird ein Teil der Verbrennungsluft in das Innere der Flamme eingeführt, so daß bei (b) kenntlich als grüner Kegel, bereits eine, wenn auch unvollständige Verbrennung der Gase eintritt. Der in den Gasen enthaltene Kohlenstoff kommt daher gar nicht zum Glühen, er kann sich bei Abkühlung daher auch nicht als Ruß niederschlagen. Die infolge der teilweisen Verbrennung bereits heißen Gase des inneren Kernes b verbrennen nun bei Zutritt von Außenluft, im schwach leuchtenden Teil c vollständig. Die Zufuhr von Luft in das Innere der Flamme und eine Mischung derselben mit den Gasen erfolgt durch das »Mischrohr« a. Die Luftzufuhr kann geregelt werden. Verringert man sie, so wächst der »Kern«, die Flamme beginnt zu leuchten. Vergrößert man sie, so wird der Kern kleiner. Wird aber zu viel Luft zugeführt, so schlägt die Flamme zurück und erlischt außen, kann aber unter Umständen im Innern des Mischrohres bzw. an der Gasdüse weiterbrennen, wodurch schon viele Beschädigungen der Brenner herbeigeführt wurden, die zu Unglücksfällen geführt haben. Warum schlägt nun die Flamme zurück? Dies kommt daher, weil die »Verbrennungsgeschwindigkeit« der Luft - Gasmischung, das ist die Geschwindigkeit, mit der die Verbrennung fortschreitet, größer geworden ist,

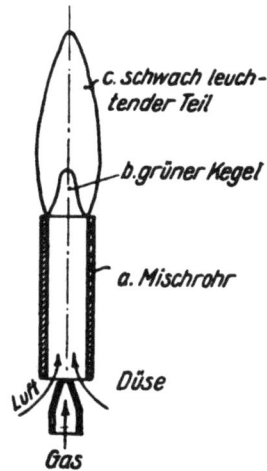

als die Geschwindigkeit, mit der der Austritt aus dem Mischrohr erfolgt.

Es ist von Wichtigkeit, diese Brenner immer genau dem Gasdruck entsprechend einzustellen, um die höchste Temperatur zu erhalten. Man soll hiebei den Kern möglichst klein halten. Die heißeste Stelle der· entleuchteten Flamme liegt unmittelbar über der Spitze des Kernes. Man sehe also besonders die Brenner an Gasherden und Gaslampen in dieser Beziehung öfters nach, besonders, wenn sie zurückschlagen. Dann muß die Luftzufuhr in das Mischrohr verringert werden.

c) Die Gebläseflamme. Um die Temperatur der Flamme zu erhöhen, kann man die ganze Verbrennungsluft in das Innere der Flamme einführen. Damit ein Zurückschlagen nicht eintritt, muß hiebei die Ausströmgeschwindigkeit erhöht werden. Dies kann man erreichen, indem man Luft oder Gas oder beides unter erhöhtem Druck zuführt. So entstehen die Preßgas- bzw. Preßluftbrenner. Wird die Ausströmgeschwindigkeit zu groß, so wird die Flamme ausgeblasen. Die Gebläseflamme ist sehr klein, und zeigt eine scharfe Spitze. Die Verbrennung ist auf einen kleinen Raum mit kleiner Oberfläche zusammengedrängt, daher erzielt man hiebei sehr hohe Temperaturen. Besonders hohe Temperaturen erhält man bei Verwendung von Sauerstoff statt Luft. Auch hier ist die genaue Einstellung und Regelung der Düse bzw. der

Flamme wichtig. Als Beispiel sei hier die Flamme des Schweißbrenners angeführt.

richtig eingestellt   Sauerstoffüberschuss   Gasüberschuss

reduzierende Flamme   Eisen verbrennt   Stahl wird hart

Eine einfach herzustellende Gebläseflamme erhält man bei Verwendung des Lötröhrchens, durch welches mit dem Mund Luft in das Innere irgendeiner Flamme eingeblasen wird. Auf die verschiedenen Brennersysteme näher einzugehen, liegt nicht im Rahmen des vorliegenden Büchleins; die angeführten Grundsätze sind für alle. Näheres darüber enthält z. B. die Schrift: »Die Flamme als Werkzeug und Maschinenelement« von F. Schäfer im Verlag R. Oldenbourg.

Erfolgt die Verbrennung flüssiger und gasförmiger Brennstoffe ohne Brenner, z. B. im Motorenzylinder, so ist zu beachten, daß die Mischung mit der Verbrennungsluft möglichst innig ist, sowie daß genügend Luft vorhanden ist, um den Brennstoff restlos zu verbrennen, da sonst die Abgase unverbrannte Teile mit sich führen und außerdem auch Verrußung eintreten kann.

Die erzeugte Wärme dient einmal dazu, in geschlossenen Räumen höhere Temperaturen zu erzeugen, z. B. bei Härte-, Glüh- und Brennöfen, Backöfen usw. oder zur Übertragung von Wärme an aufgesetzte Gegenstände wie beim Kochherd und bei offenen Schmelztiegeln, oder zur Erwärmung der Umgebung z. B. zur Raumheizung, dann aber auch zur Gewinnung von Arbeit aus Wärme, in den Verbrennungskraftmaschinen.

Immer ist darauf zu sehen, daß die Wärmeübertragung an den Stellen, wo sie beabsichtigt ist, durch Wahl geeigneter Baustoffe erleichtert, dort aber, wo sie nicht erfolgen soll, durch Anwendung von Wärmeschutz- oder Isoliermitteln erschwert, wenn nicht ganz verhindert wird.

Die Verluste, die durch schlechten Wärmeschutz entstehen, sind außerordentlich groß, besonders dort, wo große Oberflächen und hohe Temperaturen die Wärmeabgabe erleichtern. Und trotzdem wird hier noch viel gesündigt. Wie viele Dampfleitungen, wie viele Warmwasserleitungen sind mangelhaft isoliert. Wenn jeder Heizungsmonteur, z. B. wissen würde, daß auf 1 cm² nicht eingeschalteter Rohr- oder Flanschfläche stündlich 18—32 WE verlorengehen, würde mancher Zentner Brennmaterial gespart werden. Hier ist falsche Sparsamkeit für Isoliermaterial unbedingt zu verwerfen. Im allgemeinen ist das Isoliermaterial das beste, das das geringste spezifische Gewicht hat, da es die meisten Hohlräume enthält und da die in diesem eingeschlossene ruhende Luft ein sehr schlechtes Wärmedurchgangsvermögen hat.

Eine weitere Quelle großer Verluste sind Undichtheiten an den Feuerungsanlagen sowie an den Teilen, die zur Abführung der Rauchgase dienen. Denn die meisten Feuerungsanlagen arbeiten mit Zug, d. h. der Druck im Innern der Feuer- und Rauchgaszüge ist kleiner als der Druck der Außenluft. Durch jede noch so kleine Undichtheit strömt kalte Luft ein und die Folge ist eine starke Abkühlung, bei Rauchgaszügen auch eine Verschlechterung des Zuges. Welche Bedeutung hat nun der Zug für die Feuerungsanlagen? Er soll einmal die Verbrennungsluft zuführen, dann aber auch die Feuergase durch die Feuerungsanlage und die Abgase ins Freie befördern. In erster Linie wird mit natürlichem Zuge gearbeitet. Reicht dieser nicht aus, so wird er durch künstliche Mittel erhöht. Man spricht dann von »künstlichem Zug«.

Der »natürliche« Zug: Er entsteht infolge des Auftriebes der erwärmten Gase im Kamin. Der Auftrieb zeigt sich bei jedem Körper, der rings von einer Flüssigkeit oder von einem Gas eingeschlossen ist. Die von ihm verdrängte Flüssigkeit oder Gasmenge sucht den Körper förmlich in die Höhe zu heben, und zwar ist diese der Schwerkraft entgegen, daher lotrecht nach aufwärts wirkende »Auftriebskraft« genau so groß wie das Gewicht der verdrängten Flüssigkeits- oder Gasmenge. Wiegt also ein Körper weniger als die verdrängte Flüssigkeits- oder Gasmenge, so steigt er auf, der spezifisch leichtere Körper wird also stets in spezifisch schwererer Umgebung in die Höhe befördert werden. Je wärmer nun ein Gas ist, desto mehr dehnt es sich aus, desto leichter wird es. Erwärmte Luft steigt in der kalten Umluft auf. Die Abgase, die ziemlich heiß sind, steigen infolge dieses Auftriebes im Kamin in die Höhe. Wenn der Zutritt der Außenluft verhindert wird, was beim Kamin der Fall ist, so entsteht dadurch eine lebhafte Saugwirkung, eben der Kaminzug. Wie schon erwähnt, leidet der Zug durch Undichtheiten im Kamin, da durch diese kalte Luft angesaugt wird, welche die Rauchgase abkühlt.

Hiedurch erfolgt eine Verdichtung derselben, die höheres spezifisches Gewicht bedingt, wobei die Auftriebswirkung stark vermindert wird. Auch fehlerhafte Anlage der Kamine kann schlechten Zug bewirken. So kann der Austritt aus der Öffnung durch Windstoß oder durch Rückstoß infolge vorgelagerter Bauten gehindert werden oder die Wirkung der Sonnenstrahlung oder anderer Wärmequellen können die Auftriebskraft der um den Kamin gelegenen Luftschichten infolge Wärmeausdehnung und dadurch bewirkter Verdünnung herabsetzen. Zu enge Querschnitte, Krümmungen und Ecken im Kamin verschlechtern die Zuwirkung, auch verlegen sie sich leicht durch Ruß und Flugasche.

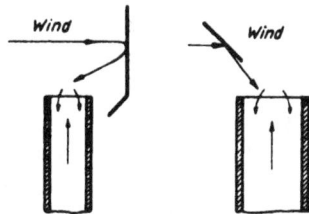

Die günstigste Zugwirkung wird bei etwa 300° C, die die Abgase an der Kaminöffnung haben, erreicht. Höhere Abgastemperatur ist überflüssiger Wärmeverlust.

Der künstliche Zug. Reicht der natürliche Zug trotz hoher Kamine (je höher die aufsteigende Gasschicht, desto stärker der Auftrieb, desto mehr Zugwirkung) nicht aus, oder können hohe Kamine nicht errichtet werden, so wird durch Gebläse oder Ventilatoren nachgeholfen. Dies ist meist bei industriellen Feuerungen der Fall. Man hat hiebei verschiedene Ausführungsarten, auf die hier nicht näher eingegangen werden kann, bei denen entweder Luft unter Druck eingeblasen wird (Gebläse) oder die Saugwirkung durch nach der Feuerung angeordnete Ventilatoren erzielt wird.

Wie stark soll der Zug sein? Im allgemeinen wird ein starker Kaminzug nur erwünscht sein, denn man kann dabei die Verbrennung am besten regeln. Die beste Art der Regelung ist die, bei der der Zutritt der Verbrennungsluft geregelt werden kann. Diese Regelung erfordert aber vollkommen dichte Feuerungsanlagen und Verschlüsse, da sonst die gleichen Verluste entstehen können, wie bei undichten Kaminen. Diese Verluste werden natürlich bei starkem Zug viel größer sein als bei schwachem. Da die meisten Feuerungsanlagen erhebliche Undichtheiten aufweisen, man denke nur an die verschiedenen Öfen, bei denen man durch allerhand Ritzen und Löcher das »Feuer so schön sehen kann«, so empfiehlt sich hier wohl bei zu starkem Zug als kleineres Übel ein Abdrosseln nach der Feuerungsanlage. Doch müssen die Drosselklappen so gebaut sein, daß sie in vollständig geschlossenem Zustand das oberste Viertel der Durchgangsöffnung freilassen, da sonst ein Austritt der unter Umständen giftigen Verbrennungsgase (Kohlenoxyd) in den Raum erfolgen kann. Man beachte überhaupt, daß die heißen Gase infolge des Auftriebes stets im oberen Teil der wagrecht oder schräg laufenden Züge oder Rohre entlang ziehen. Für Hausbrandfeuerungen gilt ganz allgemein: der Zug soll so stark sein, daß er eine an die Aschentürspalte gehaltene Kerzenflamme wagrecht ablenkt. Je stärker der Zug, desto lebhafter die Verbrennung, desto größer der Brennstoffverbrauch. Die entstehende Wärme muß nun in der Feuerungsanlage auch wirklich ausgenutzt werden. d. h. die Feuergase müssen Gelegenheit haben, ihre Wärme an die Heizzüge und Heizflächen abzugeben und dürfen beim Verlassen der Anlage, also wenn sie als Abgase in den Kamin eintreten, nicht mehr zu heiß sind, sonst heizt man eben mit großen Kosten den Kamin. Mancher freut sich aber noch, wenn das eiserne Abzugsrohr glüht. Für sparsames Heizen im Hausbrand gilt die Regel: gerade nur so viel Luft eintreten lassen, daß der Aschenfall noch hell erleuchtet ist. Also bremsen und vor allem abdichten, damit die Luft nur dort Zutritt hat, wo dies erwünscht ist.

Muß die Heizwirkung aus irgendeinem Grund vorübergehend gesteigert werden, so geschieht dies stets auf Kosten der Wirtschaftlichkeit. Bei industriellen Feuerungen, bei Lokomotiven und Schiffskesseln läßt sich dies nicht vermeiden. Man spricht dann von Forcieren.

Die im Vorstehenden behandelten Verluste sind deshalb so schädlich, weil bei der Nutzbarmachung der Wärme infolge der bereits erwähnten unvermeidlichen Einbußen stets nur ein Teil der Wärme für den beabsichtigten Zweck ausgenützt werden kann. Man spricht hier vom **Wirkungsgrad der Wärmeausnützung** und versteht darunter das Verhältnis der Zahl der ausnützbaren WE, zu der Zahl der bei der Verbrennung usw. frei werdenden oder kurz der aufgewendeten WE. Dieses Verhältnis ist natürlich stets kleiner als 1 und leider bei vielen Anlagen außerordentlich ungünstig, wie nachstehende Tafel zeigt:

Küchenherd im Winter (bei Raumheizwirkung)	0,65—0,75	oder	65—75%
Küchenherd im Sommer (ohne Raumheizwirkung)	0,25—0,30	»	25—30%
Kachelofen	0,70—0,90	»	70—90%
Gaskocher	0,55—0,65	»	55—65%
Zentralheizungskessel	0,60	»	60%
Dampfturbine	0,14—0,20	»	14—20%
Benzinmotor	0,17—0,21	»	17—21%
Dieselmotor	0,27—0,34	»	27—34%
Lokomotive	0,06—0,09	»	6— 9%

Dabei werden gute Ausführung und gute Wartung vorausgesetzt. Ungefähr 80% der Hausfeuerungsanlagen sind aber z. B. als schlecht zu bezeichnen.

Bei Heizvorrichtungen lassen sich große Ersparnisse erzielen, wenn die Verbrennung so geregelt werden kann, daß eine bestimmte Temperatur selbsttätig gehalten wird, besonders dort, wo von einer Stelle aus viele Heizvorrichtungen betrieben werden (z. B. Zentralheizung) oder dort wo eine dauernde Überwachung nicht erfolgen kann. Diesen Zweck erfüllen die selbsttätigen Temperaturregler, die von verschiedenen Firmen in guten, zweckmäßigen Ausführungen hergestellt werden. Sie eignen sich besonders für Dampf-, Gas- und elektrische Heizungen. Sie sind unbedingt anzuwenden, wenn es darauf ankommt, eine ganz bestimmte Temperatur, die nicht höher und nicht niedriger werden darf, dauernd zu halten (z. B. bei Brutapparaten, chemischen Prozessen), sie eignen sich aber, wie erwähnt, auch für andere Zwecke.

Abwärmeverwertung.

In den Abgasen der Feuerungen und im Abdampf der Dampfmaschinen sind erhebliche Wärmemengen enthalten, die nicht verlorengehen sollten. Man sucht diese Abwärme auf verschiedene Art nutzbar zu machen, z. B. zur Warmwasserbereitung, für Heizzwecke, zur Luftvorwärmung, aber auch zur Dampferzeugung (Abhitzekessel). Besonders läßt sich durch Zusammenarbeiten verschiedener Betriebe, von denen einige z. B. viel Dampf oder Warmwasser brauchen, während andere viel Abwärme zur Verfügung haben. Z. B. Gasanstalt, Badeanstalt, Dampfheizung.

Wärmeerzeugung durch elektrischen Strom.

Die Wärmeerzeugung durch elektrischen Strom, die in der Zeit der großen Wasserkraftanlagen erhöhte Bedeutung gewinnt, hat gegenüber den übrigen Wärmequellen außerordentliche Vorteile. Sie beruht teils auf der Erwärmung von Widerständen beim Durchgang des elektrischen Stromes teils auf der hohen Temperatur des elektrischen Lichtbogens. Die für die Ausnützung bzw. Abgabe der Wärme aufgestellten Grundsätze finden auch hier sinngemäß Anwendung. Beim elektrischen Strom unterscheidet man Spannung (gemessen in Volt) und Stromstärke (gemessen in Ampere). Die Spannung läßt sich mit dem Druck in einer Wasserleitung oder mit der Druckhöhe des Wassers vergleichen, die Stromstärke mit der Wassermenge. Das Arbeitsvermögen des elektrischen Stromes ergibt sich aus der Spannung × Stromstärke (Gleichstrom). Das Maß ist 1 Volt-Ampere oder 1 Watt. Ein Strom von 6 Amp. kann also bei 110 Volt Spannung $110 \times 6 = 660$ Watt Arbeit leisten. 1 Kilowattstunde ist die Arbeit, die 1 Kilowatt oder 1000 Watt während 1 Stunde verrichten können. 1 Kilowatt entspricht 1,36 PS (Pferdestärken).

$$1 \text{ PS} = 736 \text{ Watt oder } 0,736 \text{ Kilowatt.}$$

Dem Durchgang des elektrischen Stromes setzt der Leiter (die Leitung) einen Leitungswiderstand entgegen, der in Ohm gemessen wird. Maßgebend für den Widerstand bzw. die Stromstärke ist der Spannungsunterschied zwischen 2 Punkten der Leitung, sowie das Leitungsmaterial bzw. seine Leitfähigkeit für den elektrischen Strom.

Das »Ohmsche Gesetz« besagt nun: durch einen Leiter von bestimmtem Widerstand geht bei einem gewissen Spannungsunterschied ein Strom von bestimmter Stärke hindurch.

Spannungsunterschied = Stromstärke × Widerstand.

Stromstärke = Spannungsunterschied : Widerstand,

z. B. Widerstand 800 Ohm, Spannungsunterschied 100 Volt.

$$\text{Stromstärke} = 100 : 800 = 1/8 \text{ Amp.}$$

Der Leitungswiderstand wird errechnet aus folgender Gleichung:
Leitungswiderstand = Länge der Leitung in m mal spezifischem Wider-

stand geteilt durch den Leitungsquerschnitt (Größe der Querschnitts-fläche) in mm².

Der spezifische Widerstand ist der Widerstand eines Drahtes von 1 m Länge und 1 mm² Querschnitt.

Er beträgt:

für Kupfer . . . . . 0,0173 Ohm
» Aluminium . . . 0,03 »
» Eisen . . . . . 0,10 »
» Nikelin . . . . . 0,4 »

Ein 60 m langer Nikelindraht von 0,5 mm Querschnitt hat also einen Widerstand von

$$\frac{60 \cdot 0,4}{0,5} = 48 \text{ Ohm.}$$

Die Erwärmung beim Stromdurchgang ist nach folgendem Gesetze von Joule zu ermitteln:

Wärmemenge in WE in t-Sekunden beim Durchgang von J Ampere durch einen Leiter von R Ohm Widerstand:

$$\text{Wärmemenge} = 0,000239 \cdot J^2 \cdot R \cdot t.$$

Beim Durchgang von 6 Amp. durch obigen Draht würden also in 60 Sekunden $0,000239 \cdot 36 \cdot 48 \cdot 60 = 24,8$ WE entwickeln.

Hierauf beruht die elektrische Widerstandsheizung sowie die ver-schiedenen Schweiß-, Löt- und Schmelzverfahren.

Die Wärmeabgabe: Dort wo die Wärme abgegeben werden soll, sei es nun an die Raumluft, an Wasser, an Kochgeschirr, an Wandungen usw. muß man gute Leitfähigkeit zu schaffen aber auch zu erhalten suchen. Ruß, Kesselstein, Flugasche sind sehr schlechte Wärmeleiter. Daher Vermeidung wo nicht angängig Entfernung derselben durch öftere gründliche Reinigung. Die Wärmeeigenschaften der Baustoffe sind hier wohl zu beachten.

Die Raumheizung. Hiebei handelt es sich wärmewirtschaft-lich wieder um die Vermeidung von Verlusten. Gut schließende Fenster und Türen, Doppelfenster, gegebenenfalls Abdichtung der Fugen sind eigentlich Selbstverständlichkeiten. Leider wurde beim Bau der Woh-nungen bisher die Wärmewirtschaft sehr wenig beachtet. Aufstellung der Öfen im Winkel neben der Tür, Rolladenöffnungen über den Fenstern »gut« leitende Böden, Decken und Wände bilden die Regel. Der Ofen soll zweckmäßig bzw. entsprechend sein, je nachdem es sich um Dauer-heizung oder um rasche, vorübergehende Erwärmung handelt, und muß natürlich auch entsprechend »betrieben« werden. Der Vorgang bei der Raumheizung ist folgender: Die Heizflächen des Ofens oder Heiz-körpers geben an die benachbarten Luftschichten Wärme ab (durch Berührung). Die erwärmte Luft steigt auf (Auftrieb), kalte Luft tritt an ihrer Stelle an den Heizkörper heran. Die den Raum abschließenden Wände, Boden, Decken, Fenster, Türen usw. bedingen Wärmeverluste, die in folgender Weise errechnet werden können:

$$W = k \cdot F \cdot (t - t_0),$$

darin bedeutet:

W die nach außen stündlich abgegebene Wärmemenge in WE,
k die Wärmedurchgangszahl,
F die wärmeabgebende Fläche in m²,
$t - t_0$ den Temperaturunterschied außen und innen.

Für Außenwand: Backstein ohne Putz:

$$
\begin{aligned}
12 \text{ cm stark} \quad . . \quad k &= 2{,}4 \\
25 \text{ »} \quad \text{»} \quad . . \quad k &= 1{,}7 \\
50 \text{ »} \quad \text{»} \quad . . \quad k &= 1{,}1 \\
100 \text{ »} \quad \text{»} \quad . . \quad k &= 0{,}6
\end{aligned}
$$

für Innenwände:

Backstein 12 cm   25,0 cm
$k = 2{,}2$ 1,5

Rabitzwand 4,0 cm   6,0 cm   8,0 cm
$k = 3{,}1$ 2,8   2,5

Türen: $k = 0{,}2$, Boden und Decke.
Fenster einfach: $k = 5$; $k = 0{,}35$ bis 1,8.
Doppelfenster: $k = 2{,}3$.

Diese Zahlen sind dem Leitfaden zum Berechnen und Entwerfen von Heizungs- und Lüftungsanlagen, Verlag Springer, Berlin, entnommen.

Die Heizanlage muß so bemessen sein, daß der Temperaturunterschied $t - t_0$ dauernd gehalten werden kann, d. h. die Wärmeverluste müssen durch die erzeugte Wärme ersetzt werden können.

Bei der Ofenheizung muß unterschieden werden, ob der Raum rasch und vorübergehend (eiserne Kanonenöfen) oder schnell und nachhaltig (Eisenofen mit Auskleidung) oder langsam und nachhaltig erwärmt werden soll (Kachelofen).

Die stündliche Wärmeabgabe der Heizfläche (glatte Fläche) beträgt für 1 cm²

Kachelofen . . . 500— 600 WE
Eisenofen . . . . 2500 WE
Dauerbrandofen . 1000—1500 WE

Die Heizflächen sollen möglichst tief liegen, möglichst der Luft zugänglich sein (nicht im Winkel stehen und dürfen nicht zu heiß sein (über 80 °C) da sonst der in der Luft enthaltene Staub verbrennt, wodurch neben der »Verschönerung« der Wände und Decken eine Reizung der Atmungsorgane eintritt. Besonders schädlich wirken in dieser Beziehung Verzierungen der Öfen, die geradezu als Staubfänger bezeichnet werden müssen. Viel zu wenig wurde bisher die Wärmestrahlung der Ofenoberfläche, beachtet. Helle, glänzende Kacheln sind widersinnig.

Besondere Vorteile bietet die Erwärmung mehrerer Räume von einer Feuerstelle aus (Stockwerks-, Zentralheizanlage). Gasheizung ist sauber, leicht zu bedienen und zu regeln. Das Gleiche gilt für elektrische Heizung. Während die letztere derzeit noch viel zu teuer ist, lassen sich bei richtiger Bedienung der Gasflamme (kein Vorwärmen, Kleinstellen, rechtzeitiges Löschen usw.) die Kosten für die ausgenützte Wärme stark vermindern (siehe Anhang).

Arbeit aus Wärme. Hierbei macht man Gebrauch von der Eigenschaft gasförmiger Körper, daß sie sich beim Erwärmen stark ausdehnen. Die Ausdehnung beträgt bei 1 ⁰C Erwärmung $^{1}/_{273}$ oder 0,003663 des Rauminhaltes, den die betreffende Gasmenge bei 0 ⁰C einnehmen würde. Ein von 0 ⁰ auf 1365 ⁰ erwärmtes Gas, würde sich also (1365 mal 0,003663 = 5) um das 5 fache seines ursprünglichen Rauminhaltes ausdehnen, daher 6 mal so viel Platz brauchen als vorher. Kann das Gas dies nicht, weil es eingeschlossen ist, so ist es genau so, als ob das Gas nunmehr auf den 6. Teil seines Raumes zusammengedrückt worden wäre, da es nur den 6. Teil des Raumes zur Verfügung hat, den es seiner Erwärmung nach brauchen würde. Nun verhalten sich aber bei einer abgeschlossenen Gasmenge absoluter Druck und Raum stets umgekehrt, d. h. in einem auf die Hälfte zusammengedrückten Gas steigt der Druck auf das Doppelte des ursprünglichen usw. Bei der Raumvergrößerung nimmt der Druck entsprechend ab. Durch Abkühlen läßt sich also der Druck vermindern, durch Erwärmen steigern. Bei Erwärmung um 1365 ⁰ erhält man also 6 fache Drucksteigerung.

Drucksteigerung durch Erwärmen wird z. B. angewendet im Motorenzylinder, in der Verbrennungskammer der Feuerwaffe, beim Sprengen usw.

Druckverminderung durch Abkühlen: Kondensationsanlage bei Dampfmaschinen. — Auch der umgekehrte Vorgang, nämlich Erwärmen durch Drucksteigerung bzw. Abkühlen durch Druckverminderung wird in der Technik vorgenommen, z. B. Kompressionswärme, Kältemaschinen.

Bei der Umwandlung der Wärme in Arbeit kann 1 WE der Arbeit von 427 mkg gleichgesetzt werden, d. i. einer Arbeitsmenge, die erforderlich ist, um z. B. 427 kg 1 m hoch zu heben. Da nämlich die Arbeit von Maschinen darin besteht, daß gewisse Bewegungen mit einer bestimmten Kraft ausgeführt werden (z. B. Drehbank: Bewegungen des Arbeitsstückes gegen den eingedrückten Stahl; Dampfmaschine Vor- und Rückschieben des Kolbens durch den Dampfdruck; Hebezeugbewegung von Lasten unter Überwindung der Schwerkraft) hat man die

Übereinkunft getroffen, das Vielfache aus der Größe der Kraft (kg) und aus der Größe der Bewegung (m), wobei Kraft und Bewegung allerdings stets gleiche Richtung haben müssen als Arbeit (mkg) zu bezeichnen).

Als Vergleichsmaß für die Leistungsfähigkeit dient die Arbeit in 1 Sekunde (Leistung). Nachdem nun eine Pferdekraft einer Arbeit von 75 mkg in jeder Sekunde entspricht, so braucht man, um 1 PS eine Stunde lang betreiben zu können, oder um 1 PS-Stunde zu erhalten:

$$75 \times 3600 : 427 = 634 \text{ WE.}$$

Da eine Kilowattstunde 1,36 PS-Stunden gleichgesetzt werden kann, braucht man zur Erzeugung von 1 kW/Std. $632 \times 1,36 = 862$ WE. Infolge des Wirkungsgrades ist aber der WE-Verbrauch und damit der Brennstoffverbrauch in Wirklichkeit für die PS- bzw. kW-Stunden wesentlich höher.

Ohne Verluste könnte man mit 1 kg Steinkohle von 6500 WE in einer Dampfturbinenanlage 6500:634 oder rund 10 PS-Stunden erzielen. Mit Einrechnung der Verluste, wobei obenstehende Tafel einen Wirkungsgrad von 19% ergibt, lassen sich aber nur $10 \times 0,19$ oder 1,9 PS-Stunden herausholen, bei 14% Wirkungsgrad aber nur mehr $10 \times 0,14 = 1,4$ PS-Stunden.

Dieses Beispiel zeigt so recht, wieviel durch die vermeidbaren Verluste, denn die obigen Wirkungsgrade gelten nur für gute Anlagen, verschwendet werden kann. Der Wert einer Verbrennungsanlage oder überhaupt jeder Vorrichtung zur Nutzbarmachung der Wärme liegt letzten Endes in ihrem Wirkungsgrad. Hier ist falsche Sparsamkeit bei den Anlagekosten unbedingt ein großer Fehler, der sich im Betrieb bitter rächt.

Unsere ganze Technik beruht wie eingangs erwähnt fast ausschließlich darauf, daß wir die in der Wärme der Brennstoffe enthaltene Arbeit gewinnen bzw. umsetzen und mit dieser Arbeit unsere Kraft- und Arbeitsmaschinen treiben. Die Wasserkräfte Deutschlands können, wenn ganz ausgebaut, nur etwa 4% des Kraftbedarfes erzeugen. Wenn wir noch bedenken, daß die Brennstoffe nur Überreste ehemaliger Pflanzen und Tiere (Erdöl) sind, die durch Zufall bis auf unsere Tage erhalten wurden, daß sie ferner nur an bestimmten Orten vorkommen und nicht unerschöpflich sind, und daß mit zunehmendem Abbau die Schwierigkeit der Förderung steigt, so leuchtet wohl allen ein, daß wir mit ihnen als der Grundlage unserer Industrie haushalten müssen, und welche hohe Bedeutung die Wärmewirtschaft für uns, besonders nach dem »Frieden« von Versailles hat.

Bemerkt sei, daß vielfach Bezug genommen wurde auf die Schriften der Bayerischen Landeskohlenstelle, die einzelne Gebiete der Wärmewirtschaft behandeln, sowie auf die im Taschenbuch für Feuerungstechniker enthaltenen Zahlenangaben. Im Anhang sind noch einige Verbrauchszahlen angefügt. Gewarnt sei noch vor Ankauf von Kohlensparmitteln, die vielfach angepriesen werden. Es gibt keine Kohlensparmittel. Wer sparen will, beachte die Grundsätze der Wärmewirtschaft. Er wird es nicht bereuen.

Man halte sich stets vor Augen: In der Natur gehen alle Vorgänge in ganz bestimmter Ordnung vor sich. Soweit diese Vorgänge beobachtet werden konnten, wurde ihre Gesetzmäßigkeit in den »Naturgesetzen« festgehalten.

Die Technik bleibt in allen ihren Zweigen nur auf die zweckmäßige Ausnützung dieser Naturgesetze angewiesen. Der Zweck dieses Büchleins ist erreicht, wenn es Verständnis geweckt hat, für die aus der Wärmelehre sich ergebende Wärmewirtschaft.

Verbrauchszahlen.

Kohlenverbrauch für Herstellung von:

1 kg Stahl	0,50	kg Kohle
1 » Gußeisen	0,50	» »
1 » Schmiedeeisen	1,00	» »
1 » Kalk	0,25	» »
1 » Zement	0,50	» »
1 » Aluminium	25,00	» »
1 » Kupfer	0,40	» »
1 » Karbid	5,00	» »
1 » Porzellan	0,33	» »
1 » Gummi	16,00	» »
1 » Papier	0,70	» »
1 » Mehl	0,17	» »
1 » Zucker	1,00	» »
1 » Leder	2,50	» »
1 » Malzkaffee	2,50	» »
1 » Chokolade	1,00	» »
1 l Spiritus	1,40	» »
1 l Bier	0,17	» »
1 kleine Glasflasche	1,00	» »
1 m² Fensterglas	50,00	» »
90 Schachteln Zündhölzer	1,00	» »
1 Ziegelstein	0,25	» »

Jedes kg an einer fertigen Lokomotive (München) = 4 kg Kohle.

Bahnbetrieb.

Für 1 Reisenden und 100 km Fahrt = 2,2 kg Kohle.

Mit 1 m³ Leuchtgas kann man eine Lampe von 50 Kerzen (normal) 20 Stunden lang brennen oder 50 l Wasser kochen oder mit einem Gasofen einen Raum von 100 m³ Größe 1 Stunde lang heizen oder im Gasmotor 2 PS-Stunden erzielen.

WÄRME-LITERATUR

Wirtschaftliche Verwertung der Brennstoffe. Kritische Betrachtungen zur Durchführung sparsamer Wärmewirtschaft von Baurat Dipl.-Ing. *G. de Grahl*, Mitglied der Akademie des Bauwesens und des techn.-wirtsch. Sachverständigenausschusses für Brennstoffwesen. 3. vermehrte Auflage. 1923. 658 S., 323 Abb., 16 Tfln. Lex.-8°. Brosch. M. 32.-, geb. M. 33.50.

Wärmetechnische Berechnung der Feuerungs- und Dampfkesselanlagen. Taschenbuch mit den wichtigsten Grundlagen, Formeln, Erfahrungswerten und Erläuterungen für Bureau, Betrieb und Studium. Von Ingenieur *Fr. Nuber.* 3. erweiterte Auflage. 1926. 108 S. kl. 8°. Kart. M. 2.60.

Der eiserne Zimmerofen. Handbuch für neuzeitliche Wärmewirtschaft im Hausbrand. Herausgegeben unter Mitarbeit des Priv.-Doz. Dipl.-Ing. Dr. *M. Wierz* und des Dr.-Ing. *G. Brandstäter* von der Vereinigung deutscher Eisenofenfabrikanten. 120 S., 57 Abb. 8°. 1923. Brosch. M. 1.90.

Die Heizerausbildung. Buchausgabe der Unterrichtsblätter für Heizerschulen von *H. Spitznas*, Reg.-Oberingenieur. 2. Aufl. 1924. 271 S., 59 Abb., 8 Tabellen, 2 Schaubild-Tafeln. gr. 8°. Brosch. M. 5.—, geb. M. 6.—.

Feuerungstechnische Rechentafel zum praktischen Gebrauch für Dampfkesselbesitzer, Ingenieure, Betriebsleiter, Techniker usw. Von Dipl.-Ing. *Rud. Michel.* 4. Aufl., 1 Tafel mit 8 Seiten Erläuterung. 4°. 1925. M. 2.70.

Die Brennstoffe und ihre Verbrennung. Von Prof. Dr. *G. Keppeler.* 60. S. gr. 8°. 1922. Brosch. M. 2.—.

Wärme und Wärmewirtschaft der Kraft- und Feuerungsanlagen in der Industrie mit besonderer Berücksichtigung der Eisen-, Papier- und chem. Industrie. Von Prof. Dr. *W. Tafel.* 376 S., 123 Abb., gr. 8°. 1924. Brosch. M. 9.50, geb. M. 11.—.

R. OLDENBOURG, MÜNCHEN UND BERLIN